"十三五"应用型人才培养规划教材

U0325747

AutoCAD
基础教程与实例指导

王姬 主编

金培 徐翔昊 参编

清华大学出版社

北京

内 容 简 介

本书以 AutoCAD 2014 简体中文版为软件操作基础，以其应用特点为知识主线，结合设计经验，注重应用实践；针对中职学生需要用到的知识点进行详细讲解，并辅以相应的实例，帮助学生能够快速、熟练、深入地掌握 AutoCAD 绘图知识。

本书坚持以服务为宗旨，以就业为导向的思想，突出了职业技能教育的特色，以项目教学为编写体例，共分为 10 个项目，内容全面，实例典型，每个项目下又有若干小任务。

本书可以作为职业院校和社会培训机构的教材，也可以作为 AutoCAD 初学者及技术人员的自学用书。

图书在版编目(CIP)数据

AutoCAD 基础教程与实例指导/王姬主编. --北京：清华大学出版社，2016 （2021.9 重印）

"十三五"应用型人才培养规划教材

ISBN 978-7-302-44487-9

Ⅰ．①A… Ⅱ．①王… Ⅲ．①AutoCAD 软件—中等专业学校—教材 Ⅳ．①TP391.72

中国版本图书馆 CIP 数据核字(2016)第 171687 号

责任编辑：田在儒 闫一平
封面设计：牟兵营
责任校对：李 梅
责任印制：杨 艳

出版发行：清华大学出版社
    网 址：http://www.tup.com.cn，http://www.wqbook.com
    地 址：北京清华大学学研大厦 A 座   邮 编：100084
    社 总 机：010-62770175   邮 购：010-62786544
    投稿与读者服务：010-62776969，c-service@tup.tsinghua.edu.cn
    质量反馈：010-62772015，zhiliang@tup.tsinghua.edu.cn
    课件下载：http://www.tup.com.cn，010-83470410
印 装 者：三河市龙大印装有限公司
经 销：全国新华书店
开 本：185mm×260mm 印 张：9.75   字 数：220 千字
版 次：2016 年 9 月第 1 版   印 次：2021 年 9 月第 8 次印刷
定 价：26.00 元

产品编号：068724-01

前 言

　　AutoCAD 是美国 Autodesk 公司推出的通用辅助设计软件,功能强大、性能稳定、兼容性好、扩展性强,在机械、建筑、电子电气、化工、服装、模具等行业应用广泛,得到广大设计人员的一致认可,是世界上最优秀、应用最广泛的计算机辅助设计软件之一。掌握 AutoCAD 的绘图技巧已经成为从事相关设计、加工制造行业的一项基本技能。

　　本书以 AutoCAD 2014 简体中文版为软件操作基础,以其应用特点为知识主线,结合设计经验,注重应用实践。

　　本书以项目教学为编写体例,共分为 10 个项目,内容全面,实例典型,每个项目下又有若干小任务。本书坚持以服务为宗旨,以就业为导向的思想,突出了职业技能教育的特色。本书的主要特点如下。

　　(1) 本书编写理念上根据职校生的培养目标及认知特点,打破了传统的理论—实践—再理论的认知规律,代之以实践—理论—再实践的新认知规律,突出“做中学、学后再做”的新教育理念。

　　(2) 充分突出以能力为本位,采用项目教学的方法,以任务驱动和问题引导的形式组织教学内容,从易到难,循序渐进。

　　(3) 本书坚持理实一体,贯彻“做中学、学中做”的职教理念,强调实践与理论的有机统一,技能上力求满足企业用工需要,知识理论做到适度、够用。

　　(4) 本书选用的案例直观、形象,好教易学,定位准确,内容紧扣主题,简洁、通俗,除了可以作为学校的教学用书外,还可以作为相关专业技术工人的培训、自学教材。

　　(5) 本书的编写结构清晰,由浅入深,主要分为基础部分和实际应用两部分。基础部分对一些二维、三维的基本绘图命令及编辑命令进行了详细介绍,并以实例的形式进行演示。实例应用部分以讲解绘制过程为主,对具体命令不再进行赘述。

　　本书基于最新的教学大纲,介绍学生必备的 AutoCAD 绘图知识;案例丰富,知行合一,提供大量来自行业实践应用的典型案例;配有微课、全部案例的视频讲解、所有案例的源文件、结果文件、图片文件等全套数字资源,方便教师备课、学生自学。

本书主要由浙江省宁波市职业技术教育中心学校的王姬担任主编,金培、徐翔昊参与编写,全书由王姬进行统稿。

由于编者水平有限,书中难免有疏漏之处,敬请读者批评指正。

编　者

2016 年 6 月

目 录

项目一　认识 AutoCAD 2014 ·· 1

　　任务一　启动与退出 AutoCAD 2014 ·························· 1

　　任务二　AutoCAD 2014 工作界面 ·························· 2

　　任务三　AutoCAD 2014 设计中心 ·························· 5

项目二　准备图形绘制 ·· 8

　　任务一　管理图形文件 ·· 8

　　任务二　设置绘图环境 ·· 11

　　任务三　设置对象特性 ·· 14

　　任务四　绘图辅助工具 ·· 17

　　任务五　显示对象 ·· 23

项目三　基础绘图工具 ·· 26

　　任务一　创建点 ·· 26

　　任务二　创建直线 ·· 27

　　任务三　创建矩形 ·· 29

　　任务四　创建多边形 ·· 29

　　任务五　创建圆 ·· 32

　　任务六　创建圆弧 ·· 34

项目四　高级绘图工具 ·· 38

　　任务一　创建多段线 ·· 38

　　任务二　创建射线与构造线 ·· 40

　　任务三　创建多线 ·· 42

任务四　创建样条曲线 ⋯⋯⋯⋯⋯⋯⋯⋯⋯⋯⋯⋯⋯⋯⋯⋯⋯⋯⋯⋯ 43

任务五　创建椭圆与椭圆弧 ⋯⋯⋯⋯⋯⋯⋯⋯⋯⋯⋯⋯⋯⋯⋯⋯⋯⋯ 44

任务六　创建圆环 ⋯⋯⋯⋯⋯⋯⋯⋯⋯⋯⋯⋯⋯⋯⋯⋯⋯⋯⋯⋯⋯⋯ 46

任务七　图案填充 ⋯⋯⋯⋯⋯⋯⋯⋯⋯⋯⋯⋯⋯⋯⋯⋯⋯⋯⋯⋯⋯⋯ 46

任务八　修订云线 ⋯⋯⋯⋯⋯⋯⋯⋯⋯⋯⋯⋯⋯⋯⋯⋯⋯⋯⋯⋯⋯⋯ 49

任务九　边界与面域 ⋯⋯⋯⋯⋯⋯⋯⋯⋯⋯⋯⋯⋯⋯⋯⋯⋯⋯⋯⋯⋯ 49

项目五　基础编辑工具 ⋯⋯⋯⋯⋯⋯⋯⋯⋯⋯⋯⋯⋯⋯⋯⋯⋯⋯⋯⋯⋯ 51

任务一　选择对象 ⋯⋯⋯⋯⋯⋯⋯⋯⋯⋯⋯⋯⋯⋯⋯⋯⋯⋯⋯⋯⋯⋯ 51

任务二　删除对象 ⋯⋯⋯⋯⋯⋯⋯⋯⋯⋯⋯⋯⋯⋯⋯⋯⋯⋯⋯⋯⋯⋯ 52

任务三　复制对象与高级复制对象 ⋯⋯⋯⋯⋯⋯⋯⋯⋯⋯⋯⋯⋯⋯⋯ 53

任务四　控制对象位置 ⋯⋯⋯⋯⋯⋯⋯⋯⋯⋯⋯⋯⋯⋯⋯⋯⋯⋯⋯⋯ 60

任务五　缩放对象 ⋯⋯⋯⋯⋯⋯⋯⋯⋯⋯⋯⋯⋯⋯⋯⋯⋯⋯⋯⋯⋯⋯ 61

项目六　高级编辑工具 ⋯⋯⋯⋯⋯⋯⋯⋯⋯⋯⋯⋯⋯⋯⋯⋯⋯⋯⋯⋯⋯ 63

任务一　倒角与倒圆 ⋯⋯⋯⋯⋯⋯⋯⋯⋯⋯⋯⋯⋯⋯⋯⋯⋯⋯⋯⋯⋯ 63

任务二　控制对象长度 ⋯⋯⋯⋯⋯⋯⋯⋯⋯⋯⋯⋯⋯⋯⋯⋯⋯⋯⋯⋯ 66

任务三　打断对象 ⋯⋯⋯⋯⋯⋯⋯⋯⋯⋯⋯⋯⋯⋯⋯⋯⋯⋯⋯⋯⋯⋯ 67

任务四　合并对象 ⋯⋯⋯⋯⋯⋯⋯⋯⋯⋯⋯⋯⋯⋯⋯⋯⋯⋯⋯⋯⋯⋯ 69

任务五　分解对象 ⋯⋯⋯⋯⋯⋯⋯⋯⋯⋯⋯⋯⋯⋯⋯⋯⋯⋯⋯⋯⋯⋯ 69

任务六　夹点编辑 ⋯⋯⋯⋯⋯⋯⋯⋯⋯⋯⋯⋯⋯⋯⋯⋯⋯⋯⋯⋯⋯⋯ 70

项目七　绘制二维基本图形 ⋯⋯⋯⋯⋯⋯⋯⋯⋯⋯⋯⋯⋯⋯⋯⋯⋯⋯⋯ 72

任务一　实例指导一 ⋯⋯⋯⋯⋯⋯⋯⋯⋯⋯⋯⋯⋯⋯⋯⋯⋯⋯⋯⋯⋯ 72

任务二　实例指导二 ⋯⋯⋯⋯⋯⋯⋯⋯⋯⋯⋯⋯⋯⋯⋯⋯⋯⋯⋯⋯⋯ 76

任务三　实例指导三 ⋯⋯⋯⋯⋯⋯⋯⋯⋯⋯⋯⋯⋯⋯⋯⋯⋯⋯⋯⋯⋯ 79

项目八　标注图形尺寸和文字 ⋯⋯⋯⋯⋯⋯⋯⋯⋯⋯⋯⋯⋯⋯⋯⋯⋯⋯ 84

任务一　创建标注样式 ⋯⋯⋯⋯⋯⋯⋯⋯⋯⋯⋯⋯⋯⋯⋯⋯⋯⋯⋯⋯ 85

任务二　标注图形尺寸 ⋯⋯⋯⋯⋯⋯⋯⋯⋯⋯⋯⋯⋯⋯⋯⋯⋯⋯⋯⋯ 88

任务三　标注多重引线 ⋯⋯⋯⋯⋯⋯⋯⋯⋯⋯⋯⋯⋯⋯⋯⋯⋯⋯⋯⋯ 93

任务四　编辑标注对象 ⋯⋯⋯⋯⋯⋯⋯⋯⋯⋯⋯⋯⋯⋯⋯⋯⋯⋯⋯⋯ 96

任务五　创建公差标注 ⋯⋯⋯⋯⋯⋯⋯⋯⋯⋯⋯⋯⋯⋯⋯⋯⋯⋯⋯⋯ 99

任务六　创建文字说明 ⋯⋯⋯⋯⋯⋯⋯⋯⋯⋯⋯⋯⋯⋯⋯⋯⋯⋯⋯ 104

任务七　编辑文字说明 ⋯⋯⋯⋯⋯⋯⋯⋯⋯⋯⋯⋯⋯⋯⋯⋯⋯⋯⋯ 108

任务八　创建与插入块 ⋯⋯⋯⋯⋯⋯⋯⋯⋯⋯⋯⋯⋯⋯⋯⋯⋯⋯⋯ 108

项目九　绘制机械类零件图 ···································· 111

　　任务一　绘制阶梯轴 ···································· 111

　　任务二　绘制法兰盘 ···································· 115

　　任务三　绘制支架零件图 ······························ 119

项目十　绘制简单三维模型 ·································· 125

　　任务一　三维工作界面 ································ 125

　　任务二　绘制三维基本实体 ···························· 128

　　任务三　由二维对象创建三维实体 ······················ 130

　　任务四　三维实体的布尔运算 ·························· 135

　　任务五　三维实体编辑 ································ 137

　　任务六　三维实体综合实例指导 ························ 143

项目一

认识AutoCAD 2014

 **知识要点**

❖ 启动 AutoCAD 2014；
❖ 退出 AutoCAD 2014；
❖ 认识 AutoCAD 2014 工作界面；
❖ 认识 AutoCAD 设计中心。

任务一　启动与退出 AutoCAD 2014

 **知识点拨**

❖ **启动 AutoCAD 2014**

启动 AutoCAD 2014 一般有 3 种方式：通过"开始"菜单启动、通过桌面快捷方式启动和通过其他方式启动。

 **新手学步**

❖ **通过"开始"菜单启动**

步骤 1：单击屏幕左下角的"开始"按钮（Windows XP 或者以下版本），Windows 7 版本则单击屏幕左下角的 ⊛ 图标。

步骤 2：在弹出的菜单中单击最下面一行的"所有程序"。

步骤 3：在程序列表中找到 Autodesk 文件夹并单击。

步骤 4：继续在下拉列表中找到"AutoCAD 2014-简体中文（Simplified Chinese）"文

件夹并单击。

步骤 5：找到并单击"AutoCAD 2014 - 简体中文
（Simplified Chinese）"应用程序，即可启动 AutoCAD
2014，如图 1-1 所示。

❖ **通过桌面快捷方式启动**

步骤 1：在桌面找到 AutoCAD 的快捷方式图标  。

步骤 2：双击该图标，即可启动 AutoCAD 2014。

❖ **通过其他方式启动**

步骤 1：找到扩展名为.dwg 的文件。

步骤 2：双击该文件，即可启动 AutoCAD 2014。

小贴士：如果在快速启动栏中有 AutoCAD 2014 的
图标，也可以通过单击该图标启动 AutoCAD 2014。

知识点拨

❖ **退出 AutoCAD 2014**

退出 AutoCAD 2014 一般有以下 4 种方式。

（1）单击工作界面右上角的"关闭"按钮 。

（2）单击工作界面左上角的  图标，在弹出的下拉
菜单中选择"退出 AutoCAD 2014"命令。

图 1-1　通过"开始"菜单启动

（3）在标题栏上右击，在弹出的快捷菜单中选择"关闭"命令。

（4）选择菜单栏中的"文件"选项，在下拉菜单中单击"退出"命令。

任务二　AutoCAD 2014 工作界面

知识点拨

AutoCAD 2014 的工作界面由标题栏、菜单栏、工具栏、绘图区、状态栏、命令行和工
具选项板等部分组成。可以通过单击工作界面右下角 图标，在弹出的菜单中选择
"AutoCAD 经典"，就可以将工作界面切换为经典工作界面，图 1-2 为 AutoCAD 2014 的
经典工作界面。图 1-3 为"草图与注释"工作界面。

❖ **标题栏**

标题栏位于 AutoCAD 2014 工作界面的最上方，是用于控制整个软件的窗口。一些
常用的命令按钮，如"新建""打开""保存""打印"等都放在标题栏左侧的"快速访问"工具
栏中，可以根据需求自定义"快速访问"工具栏。"快速访问"工具栏左侧用于显示软件的
版本名称以及当前所打开的图形文件的名称。标题栏的最右侧有 3 个
控制按钮，通过相应的操作可以对窗口进行最小化、最大化和关闭操作。

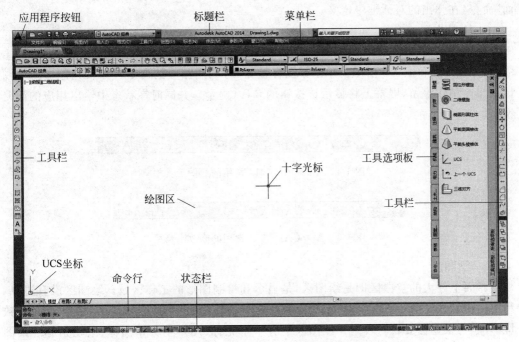

图 1-2 AutoCAD 2014 的经典工作界面

图 1-3 AutoCAD 2014 的"草图与注释"工作界面

❖ **菜单栏**

菜单栏位于标题栏的下方,有文件、编辑、视图、插入、格式、工具、绘图、标注、修改、参数、窗口、帮助等下拉菜单。允许自定义下拉菜单,方法是选择"工具"→"自定义"→"界面"命令,在弹出的对话框中定义。

❖ **工具栏**

工具栏是由一系列图标按钮构成的,每一个图标按钮都形象地表示了一条 AutoCAD 命令,如图 1-4 和图 1-5 所示。单击某图标按钮,可调用相应的命令。如果光标在某个图标按钮上稍作停留,屏幕上将显示该按钮的名称(提示),并同时在状态中给出相应的简要说明。

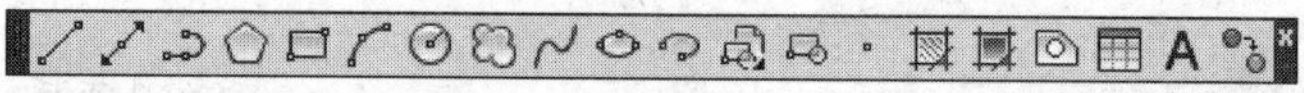

图 1-4　AutoCAD 2014 常用的绘图工具栏

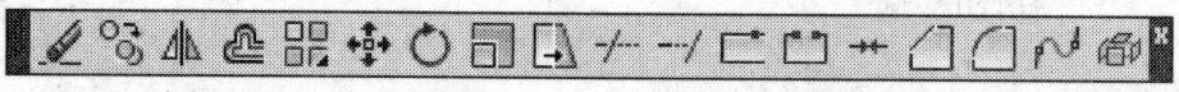

图 1-5　AutoCAD 2014 常用的修改工具栏

❖ **绘图区**

界面上最大的空白区即是绘图区,是显示和绘制图形的工作区域。绘图区没有边界,利用视窗缩放功能,可使绘图区增大或缩小。工作区域的实际大小,即长、高各有多少数量单位,可根据需要自行设定。绘图区中有十字光标、用户坐标系图标、滚动条等。绘图区的背景颜色默认为黑色,光标为白色,也可由"工具"→"选项"→"显示"选项卡下的"颜色"按钮设置不同的背景颜色。

绘图区左下角是模型空间与图纸空间的切换按钮  模型 布局1 布局2 ,可利用它方便地在模型空间与图纸空间之间切换。默认的绘图空间是模型空间。

❖ **命令行**

命令行也称命令窗口或命令提示区,是用户与 AutoCAD 程序对话的地方。其显示的是用户从键盘上输入的命令信息,以及用户在操作过程中程序给出的提示信息。在绘图时,用户应密切注意命令行的各种提示,以便准确快捷地绘图。命令窗口的大小可以调整。

❖ **状态行**

状态行位于工作界面的底部,显示当前十字光标的三维坐标和 15 种辅助绘图工具的切换按钮。单击切换按钮,可在系统设置的 ON 和 OFF 状态之间切换。

❖ **功能区和面板**

当工作界面切换为草图与注释工作界面时,调用命令可以应用功能区和面板,功能区中列出了各种应用命令,如图 1-6 所示。单击某个选项标签,会显示其下对应的面板工具栏,面板中是一组图标型工具的集合,系统默认的是"默认"选项卡下的各种面板工具,如图 1-7 所示。有的面板右下角有箭头,表示该面板可以继续展开以显示其他工具和控制,单击箭头可以展开,如图 1-8 所示为展开的"绘图"面板。

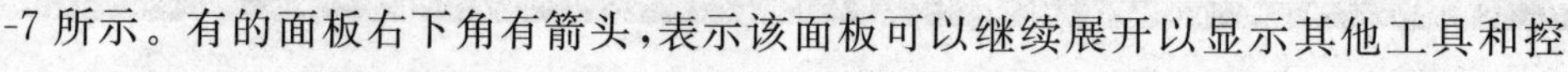

默认　插入　注释　布局　参数化　视图　管理　输出　插件　Autodesk 360　精选应用

图 1-6　功能区选项标签

图 1-7 "默认"选项卡下的各种面板

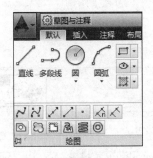

图 1-8 "绘图"面板

任务三 AutoCAD 2014 设计中心

❖ 设计中心概述

AutoCAD 2014 提供了一个功能强大的设计中心管理系统,可以管理对图形、块、图案填充和其他图形内容的访问,可以将位于用户计算机、网络位置或网站上的原图形中的任何内容拖动到当前图形中,可以将图形、块和图案填充拖动到工具选项板上,也可以通过设计中心在打开的多个图形之间复制和粘贴图层定义、布局和文字样式等内容,从而简化绘图过程。设计中心的主要工作内容如下。

(1)浏览用户计算机、网络驱动器和 Web 页上的图形内容。

(2)在定义表中查看图形文件中命名对象(如块和图层)的定义,然后将定义插入、附着、复制和粘贴到当前图形中。

(3)更新(重定义)块定义。

(4)创建指向常用图形、文件夹和 Internet 网址的快捷方式。

(5)向图形中添加内容,如外部参照、块和图案填充等。

(6)在新窗口中打开图形文件。

(7)将图形、块和图案填充拖动到工具选项板上以便访问。

打开"设计中心"窗口的方式有两种。

(1)选择菜单栏的"工具"→"选项板"→"设计中心"命令。

(2)在功能区"视图"选项卡的"选项卡"面板中单击"设计中心"按钮 ▦ 。

以上两种方式都能打开"设计中心"窗口,如图 1-9 所示。

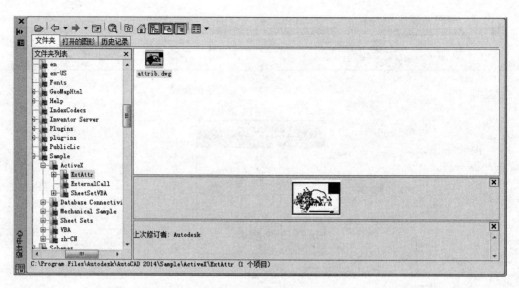

图 1-9 "设计中心"窗口

❖ 从设计中心搜索图 5-10. dwg 文件

步骤 1：选择菜单栏的"工具"→"选项板"→"设计中心"命令，打开"设计中心"窗口。

步骤 2：在设计中心的工具栏中单击"搜索"按钮，弹出"搜索"对话框。在"搜索"对话框中设置搜索条件进行搜索，搜索结果显示在对话框的搜索结果列表中，如图 1-10 所示。

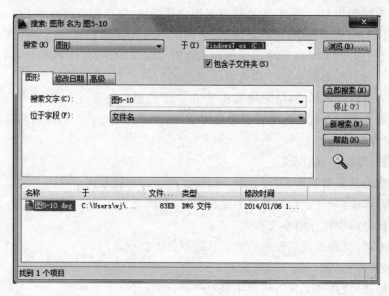

图 1-10 "搜索"对话框

⋄ 设计中心的常用操作

1. 将内容添加到图形中

在设计中心内容区("设计中心"窗口右侧窗格)将选定的内容添加到当前图形,可以有以下方法。

(1) 将某个项目拖动到某个图形的图形区,按照默认设置将其插入。

(2) 在内容区中的某个项目上右击,将显示包含若干选项的快捷菜单,利用快捷菜单进行相应的操作。

(3) 双击块将显示"插入"对话框,双击图案填充将显示"边界图案填充"对话框,利用这些对话框进行插入设置。

2. 通过设计中心打开图形

在设计中心,可以通过以下方式在内容区中打开图形。

(1) 使用快捷菜单,在内容区右击要打开的图形,从右键快捷菜单中选择"在应用程序窗口中打开"命令。

(2) 拖动图形的同时按住 Ctrl 键,将图形拖至应用程序窗口中释放。

(3) 将图形图标拖至绘图区域,需要指定插入点、比例因子等。

图形文件被打开时,该图形名将被添加到设计中心历史记录中,以便将来能够快速访问。

3. 将项目添加到工具选项板中

将设计中心中的图形、块和图案填充添加到当前的工具选项板中,以丰富工具选项板的内容。

(1) 在设计中心的内容区,可以将一个或多个项目拖到当前的工具选项板中。

(2) 在设计中的树状图("设计中心"窗口左侧窗口)中,可以右击,从右键快捷菜单中为当前文件夹、图形文件或块图标创建新的工具选项板。

向工具选项板中添加图形时,如果将它们拖到当前图形,被拖动的图形将作为块插入。

项目二

准备图形绘制

 **知识要点**

❖ 管理图形文件；

❖ 设置绘图环境；

❖ 设置对象特性；

❖ 绘图辅助工具；

❖ 显示对象。

任务一　管理图形文件

 **知识点拨**

❖ **创建新图形文件**

新建图形文件方法主要有以下几种。

（1）单击"标准"工具栏上"新建"按钮 ▢。

（2）选择菜单栏的"文件"→"新建"命令。

（3）在命令行中用键盘输入 New。

（4）按快捷键 Ctrl+N。

上述任一种命令都会打开"选择样板"对话框，如图 2-1 所示，用户可以选择任一样板建立新图形文件。此处推荐选择 acadiso.dwt 样板，单击"打开"按钮即可。

小贴士：单击"打开"按钮右侧的 ▾ 按钮，在弹出的菜单中还可以选择"无样板打开-英制(I)"或"无样板打开-公制(M)"命令创建系统默认的无样板的图形文件。

图 2-1 "选择样板"对话框

❖ **保存图形文件**

保存文件是将所绘的图形以文件的形式存盘且不退出绘图状态,方法主要有以下几种。

(1)单击"标准"工具栏上"保存"按钮 ▣ 。

(2)选择菜单栏的"文件"→"保存"命令。

(3)在命令行中用键盘输入 Save。

(4)按快捷键 Ctrl+S。

对于新文件,以上任一种命令都打开"图形另存为"对话框,用户可将文件取名存盘。保存文件的类型为"AutoCAD 图形",扩展名为. dwg,如图 2-2 所示。

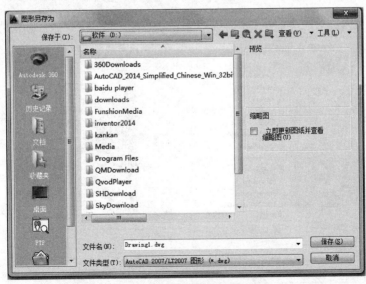

图 2-2 "图形另存为"对话框

小贴士：对于已有的文件，再次执行保存操作时，将直接把文件存在指定位置，除了"另存为"命令外，不再打开此对话框。

对于打开的文件进行修改后，又想同时保留以前的文件，可以使用另存图形文件的方法将修改后的图形文件保存在另一个位置而不改变原文件，方法主要有以下两种。

（1）选择菜单栏的"文件"→"另存为"命令。

（2）在命令行中用键盘输入 Saveas。

小贴士：在另存图形文件时，同一个文件夹中不允许出现保存类型和名称同时相同的两个文件，不同的文件夹可以有相同的文件名。

❖ **打开图形文件**

在 AutoCAD 工作界面下，打开一个或多个已有的图形文件，主要有以下几种方法。

（1）单击"标准"工具栏上"打开"按钮 📂 。

（2）选择菜单栏的"文件"→"打开"命令。

（3）在命令行中用键盘输入 Open。

（4）按快捷键 Ctrl+O。

小贴士：在"选择文件"对话框中选择需要打开的文件后，在其右侧的"预览"栏中可以看到该图形文件中的内容。在"选择文件"对话框中间的列表中，按住 Ctrl 键的同时单击多个图形文件，可选择多个需要打开的图形文件，然后单击"打开"按钮，系统将依次打开选择的图形文件，这样避免了多次重复操作，以提高工作效率。

打开 D 盘中的"平面图形.dwg"图形文件，并另存到 E 盘。

步骤1：单击"标准"工具栏上"打开"按钮 📂 ，打开"选择文件"对话框，如图 2-3 所示。

图 2-3　"选择文件"对话框

步骤 2：在"查找范围"下拉列表框中选择 D：盘选项，在其下拉列表框中选择"平面图形．dwg"图形文件，单击"打开"按钮。

步骤 3：选择菜单栏的"文件"→"另存为"命令。

步骤 4：在"保存于"下拉列表框中选择 E：盘选项，单击"保存"按钮。

任务二 设置绘图环境

❖ **设置工作空间**

工作空间是对工作环境的管理，它是菜单、工具栏和可固定窗口的集合，AutoCAD 2014 为用户提供了二维草图注释、三维基础、三维建模和 AutoCAD 经典 4 种工作空间。工作空间中各个选项板、工具栏的位置可以由用户自己定义，方便自己在一个熟悉的绘图环境中工作。

在 AutoCAD 2014 中定义一个自己习惯的工作空间。

步骤 1：启动 AutoCAD 2014，按自己的绘图习惯将菜单、工具栏和各种选项卡放置在工作界面中，然后单击状态栏右侧的 🔓 按钮，在弹出的快捷菜单中选择"全部"→"锁定"命令，将工作界面锁定。

步骤 2：单击"工作空间"工具栏右侧的 ▼ 按钮，在弹出的下拉列表框中选择"将当前工作空间另存为"选项，如图 2-4 所示。

步骤 3：在打开的"保存工作空间"对话框的"名称"文本框中输入要保存的工作空间名称，如"我的空间"，单击"保存"按钮，如图 2-5 所示。

图 2-4 "工作空间"工具栏

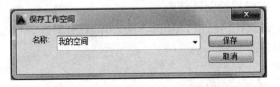

图 2-5 "保存工作空间"对话框

❖ **设置绘图单位**

一般在新建图形文件后，绘图单位和绘图界限都采用样板文件的默认设置。但在绘制图形时,样板文件设置的单位不符合要求,用户可根据自己的需要进行设置。方法主要有以下两种。

（1）选择菜单栏的"格式"→"单位"命令。

（2）在命令行中用键盘输入Units。

执行上述任意一种操作后,都将打开"图形单位"对话框,如图2-6所示。通过选择各下拉列表框中的选项,就可以完成对绘图单位的设置。

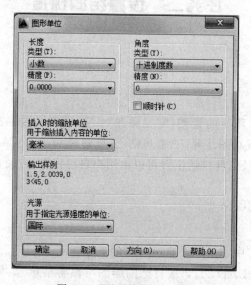

图2-6　"图形单位"对话框

❖ **设置绘图界限**

绘图界限是标明用户的工作区域和图纸的边界。绘图界限是一个矩形的区域,相当于用户在绘图时先要确定图幅的大小。设置绘图边界有利于打印时按设置的图形界限来打印,同时也使一些图形显示命令有效,避免用户所绘制的图形超出边界。设置绘图界限方法主要有以下两种。

（1）选择菜单栏的"格式"→"图形界限"命令。

（2）在命令行中用键盘输入Limits。

❖ **设置绘图区颜色**

在默认情况下,AutoCAD 2014的绘图区颜色是黑色,用户可以根据自己的喜好设置绘图区的颜色。

在AutoCAD 2014中将绘图区颜色改为白色。

步骤1：选择菜单栏的"工具"→"选项"命令。

步骤2：打开"选项"对话框的"显示"选项卡,单击"颜色"按钮,如图2-7所示。

步骤3：在打开的"图形窗口颜色"对话框的"颜色"下拉列表框中选择"白"选项,单击"应用并关闭"按钮,完成绘图区颜色的设置,如图2-8所示。

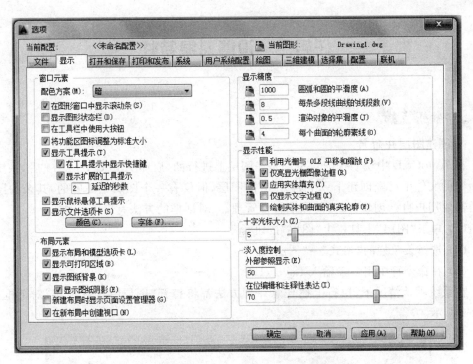

图 2-7 "选项"对话框

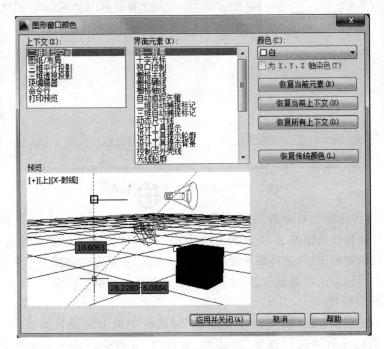

图 2-8 "图形窗口颜色"对话框

任务三　设置对象特性

❖ 创建图层并命名

在 AutoCAD 中绘制任何对象都是在图层上进行的,启动 AutoCAD 2014 后,系统自动新建的文件中已经创建了一个名为"0"的图层,但仅有一个图层是不够的,其余的图层都是需要用户自己创建。打开"图层特性管理器"对话框的方法有以下几种。

(1) 单击"图层"工具栏上"图层"按钮 龟。

(2) 选择菜单栏的"格式"→"图层"命令。

(3) 在命令行中用键盘输入 Layer/LA。

在系统默认情况下,执行上述任意一种方法都将打开"图层特性管理器"对话框,如图 2-9 所示。

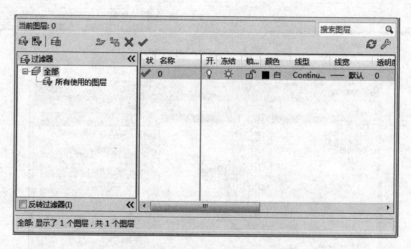

图 2-9　"图层特性管理器"对话框

在打开的"图层特性管理器"对话框中单击"新建图层"按钮 ❄,可以新建一个图层。在没有进行任何操作的情况下,新建的图层处于可编辑状态,输入新的名称就可以命名该图层。对已经创建的图层,选择要重命名的图层,右击,在弹出的快捷菜单中选择"重命名图层"命令后,图层处于可编辑状态,输入新的名称就可以命名该图层。

❖ 设置线型特性

设置图层的线型:在"图层特性管理器"对话框中单击需设置图层"线型"栏中的 **Continuous** 图标,打开"选择线型"对话框,如图 2-10 所示。由于系统默认只加载了 Continuous 线型,其他线型都需要用户自行加载,单击"选择线型"对话框中的"加载"按钮,在打开的"加载或重载线型"对话框中选择需要的线型,单击"确定"按钮,就可以加载该线型了,如图 2-11 所示。

图 2-10　"选择线型"对话框

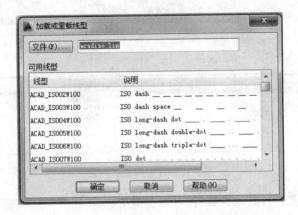

图 2-11　"加载或重载线型"对话框

设置对象的线型：单击"特性"工具栏中的"线型控制"下拉列表框的 ▼ 按钮，在弹出的下拉列表框中选择需要线型，如图 2-12 所示。

图 2-12　设置对象的线型

如果在"线型控制"下拉列表框中找不到需要的线型，可单击"其他"按钮，打开"线型管理器"对话框，单击"加载"按钮，在打开的"加载或重载线型"对话框中选择需要的线型，单击"确定"按钮，就可以加载该线型了，如图 2-13 所示。

❖ **设置线宽特性**

设置图层的线宽：在"图层特性管理器"对话框中单击需设置图层"线宽"栏中的 ── 默认 图标，打开"线宽"对话框，选中所需的线宽后，单击"确定"按钮，如图 2-14 所示。

设置对象的线宽：单击"特性"工具栏中的"线宽控制"下拉列表框的 ▼ 按钮，在弹出的下拉列表框中选择需要线宽，如图 2-15 所示。

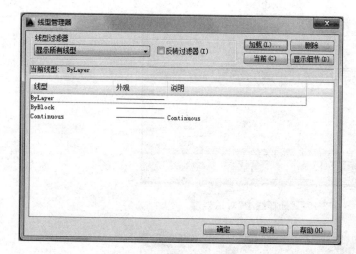

图 2-13　"线型管理器"对话框

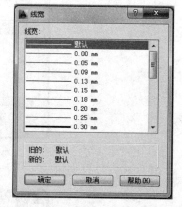

图 2-14　"线宽"对话框

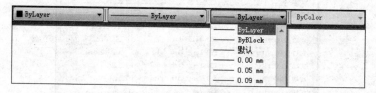

图 2-15　设置对象的线宽

如果需要对线宽进行其他设置,可以选择菜单栏的"格式"→"线宽"命令,或者在命令行中用键盘输入:LWEIGHT,打开"线宽设置"对话框,在该对话框中进行线宽的单位、显示效果的设置,单击"确定"按钮即可,如图 2-16 所示。

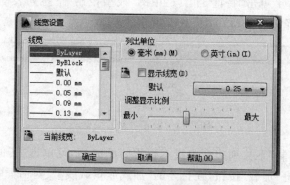

图 2-16　"线宽设置"对话框

❖　**设置颜色特性**

设置图层的颜色:在"图层特性管理器"对话框中单击需设置图层"颜色"栏中的拾色器图标,打开"选择颜色"对话框的"索引颜色"选项卡,选中所需的颜色后,单击"确定"按钮,如图 2-17 所示。

设置对象的颜色:单击"特性"工具栏中的"颜色控制"下拉列表框的 ▼ 按钮,在弹出的下拉列表框中选择需要颜色,如图 2-18 所示。

如果在"颜色控制"下拉列表框中找不到需要的颜色,可单击"选择颜色"按钮,打开"选择颜色"对话框的"索引颜色"选项卡,选中所需的颜色后,单击"确定"按钮,如图 2-17 所示。

图 2-17 "选择颜色"对话框

图 2-18 设置对象的颜色

新建"中心线"图层,加载 ACAD_ISOO4W100 线型,红色,线宽 0.20mm。

步骤 1:单击"图层"工具栏上"图层"按钮 。

步骤 2:在打开的"图层特性管理器"对话框中单击"新建图层"按钮 ,并命名为"中心线"。

步骤 3:单击"中心线"图层"线型"栏中的 Continuous 图标,打开"选择线型"对话框,单击"加载"按钮,在打开的"加载或重载线型"对话框中选择 ACAD_ISOO4W100 线型,单击"确定"按钮。

步骤 4:在"图层特性管理器"对话框中单击"中心线"图层"线宽"栏中的 —— 默认图标,打开"线宽"对话框,选中 0.20mm 线宽后,单击"确定"按钮。

步骤 5:在"图层特性管理器"对话框中单击"中心线"图层"颜色"栏中的 ■白图标,打开"选择颜色"对话框的"索引颜色"选项卡,选中"红色"后,单击"确定"按钮。

任务四   绘图辅助工具

AutoCAD 2014 提供了一些实用的绘图辅助工具,如图 2-19 所示从左至右分别为

"推断约束""捕捉模式""栅格显示""正交模式""极轴追踪""对象捕捉""三维对象捕捉"
"对象捕捉追踪""允许/禁止动态 UCS""动态输入""显示/隐藏线宽""显示/隐藏透明度"
"快捷特性""选择循环"和"注释监视器"工具。

图 2-19　绘图辅助工具

❖ **捕捉与栅格**

启用捕捉模式在某些设计场合有助于根据设定的捕捉参数进行点的选择,栅格的显示有助于形象化显示距离。但是启动捕捉模式和栅格显示模式会使鼠标移动受到一定的约束。如图 2-20 所示为在启动捕捉模式和栅格显示模式下绘制的图形。

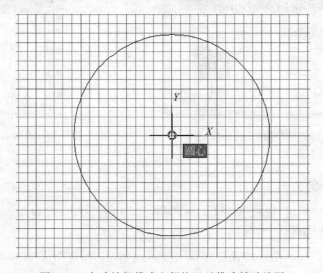

图 2-20　启动捕捉模式和栅格显示模式辅助绘图

在状态栏中单击"捕捉模式"按钮▦或者按 F9 键,可以启用或者关闭捕捉模式。在状态栏中单击"栅格显示"按钮▦或者按 F7 键,可以启用或者关闭栅格显示。用户还可以设置捕捉参数和栅格参数,在菜单栏中选择"工具"→"绘图设置",打开"草图设置"对话框,切换到"捕捉和栅格"选项卡,如图 2-21 所示,从中设置相关的参数和选项。

❖ **正交**

在状态栏中单击"正交模式"按钮▙或者按 F8 键,可以启用或者关闭正交模式。在绘制具有正交关系的图形时,启用正交模式非常有用。

❖ **极轴追踪**

在状态栏中单击"极轴追踪"按钮◶或者按 F10 键,可以启用或者关闭极轴追踪模式。在"草图设置"对话框的"极轴追踪"选项卡中,可以进行极轴角、对象捕捉追踪和极轴角测量等方面的设置,如图 2-22 所示。

❖ **对象捕捉与对象捕捉追踪**

在状态栏中单击"对象捕捉"按钮▢或者按 F3 键,可以启用或者关闭对象捕捉模式。在"草图设置"对话框的"对象捕捉"选项卡中可以控制对象捕捉的设置,如图 2-23 所

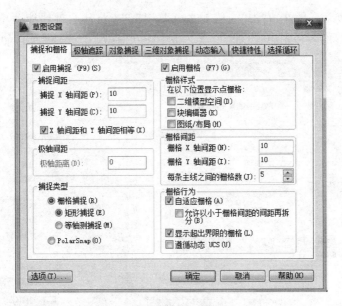

图 2-21 设置捕捉和栅格参数

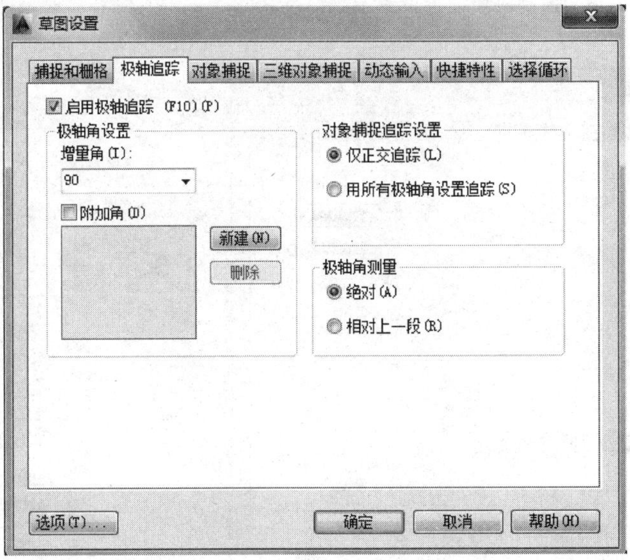

图 2-22 极轴追踪设置

示。另外,右击"对象捕捉"按钮 ,从右键快捷菜单中可以快速启用对象捕捉的各种子模式(如"端点""中点""圆心""交点"等),如图 2-24 所示。

在状态栏中单击"对象捕捉追踪"按钮 或者按 F11 键,可以启用或者关闭对象捕捉追踪模式。对象捕捉追踪模式通常和对象捕捉模式一起使用。

❖ 三维对象捕捉

在状态栏中单击"三维对象捕捉"按钮 或者按 F4 键,可以启用或者关闭三维对象捕捉模式。在"草图设置"对话框的"三维对象捕捉"选项卡中可以控制三维对象捕捉的设置,如图 2-25 所示。另外,右击"三维对象捕捉"按钮 □,从右键快捷菜单中可以快速启用三维对象捕捉的各种子模式(如"顶点""边中点""面中心""节点"等),如图 2-26 所示。

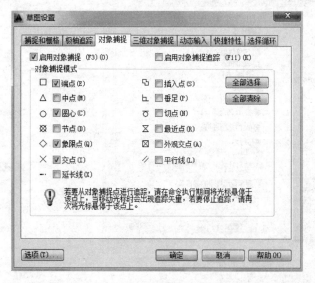

图 2-23　控制对象捕捉设置　　　　　　　　　图 2-24　"对象捕捉"右键快捷菜单

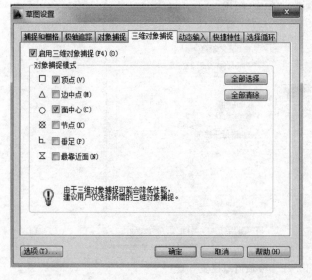

图 2-25　控制三维对象捕捉设置　　　　　　　图 2-26　"三维对象捕捉"右键快捷菜单

❖ **动态输入**

AutoCAD 2014 中提供的动态输入模式在光标附近提供了一个命令界面,以帮助用户专注于绘图区域。在状态栏中单击"动态输入"按钮 ┺ 或者按 F12 键,可以启用或者关闭动态输入模式。当启用动态输入模式时,工具提示将在光标附近显示信息,该信息会随着光标的移动而动态更新。动态输入模式界面包含 3 个组件:指针输入、标注输入和动态显示。在"草图设置"对话框的"动态输入"选项卡中,可以控制每个组件的设置,如

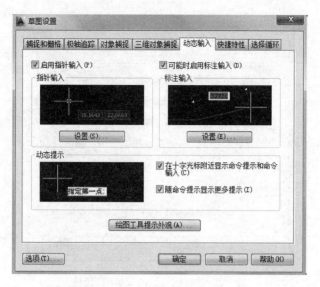

图 2-27 "动态输入"选项卡

图 2-27 所示。

1. 指针输入

当启用指针输入且有命令在执行时,十字光标的位置将在光标附近的工具提示中显示坐标,用户可以直接在工具提示中输入坐标值,而不必在命令行中输入。在"动态输入"选项卡的"指针输入"选项组中单击"设置"按钮,打开如图 2-28 所示的"指针输入设置"对话框,可以修改相应参数。

2. 标注输入

启用标注输入时,当命令提示输入第二点时,工具提示将显示距离和角度值。在工具提示中的值将随着光标移动而改变。在"动态输入"选项卡的"标注输入"选项组中单击"设置"按钮,打开如图 2-29 所示的"标注输入的设置"对话框,可以修改相应参数。

3. 动态提示

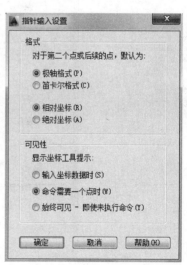

图 2-28 "指针输入设置"对话框

启用动态提示时,提示会显示在光标附近的工具提示中。用户可以在工具提示中输入响应。在"动态输入"选项卡的"动态提示"选项组中单击"绘图工具提示外观"按钮,打开如图 2-30 所示的"工具提示外观"对话框,可以修改相应参数。

动态输入不会取代命令窗口,可以按 F2 键根据需要隐藏和显示命令提示和错误消息。

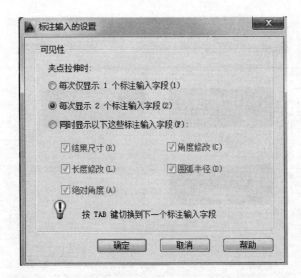

图 2-29 "标注输入的设置"对话框

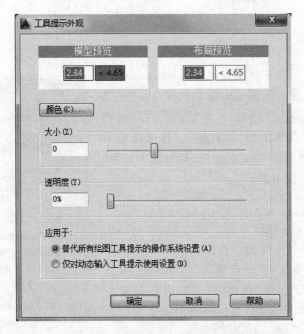

图 2-30 "工具提示外观"对话框

❖ **显示/隐藏线宽**

在状态栏中单击"线宽"按钮 ✚，可以显示或隐藏线宽。设置线宽的相关参数和选项，可以右击"线宽"按钮 ✚，在弹出的右键快捷菜单中选择"设置"命令，打开"线宽设置"对话框，如图 2-31 所示，设置当前线宽、线宽单位，控制线宽的显示和显示比例，以及设置图层的默认线宽值。

图 2-31　"线宽设置"对话框

任务五　显示对象

当用户操作 AutoCAD 软件时,经常需要将界面移动或放大范围,使用缩放和平移工具,可以方便用户看到不同的界面范围。

一、缩放视图

缩放视图不会改变图形中对象的绝对大小,而是通过放大和缩小操作改变视图的显示比例,这类似于摄影时调整相机的焦距进行缩放。

❖ **实时缩放**

当使用实时缩放工具时,光标上的图标也会跟着改变,配合鼠标左键拖曳功能放大、缩小图形。单击功能区"视图"选项卡中的"二维导航"面板,在"缩放"下拉列表中单击"实时"按钮。按住鼠标左键并向上拖曳,使界面放大;按住鼠标左键并向下拖曳,使界面缩小。根据需要调整缩放大小,按 Enter 键或 Esc 键结束实时缩放。

❖ **范围缩放**

范围缩放是使图形中所有的对象最大化地显示在屏幕上,而不考虑图形界限的影响。单击功能区"视图"选项卡中的"二维导航"面板,在"缩放"下拉列表中单击"范围"按钮。可以双击鼠标滚轮,快速进行范围缩放。

❖ **窗口缩放**

窗口缩放是在当前图形中选择一个矩形区域,将该区域的所有图形放大到整个屏幕。单击功能区"视图"选项卡中的"二维导航"面板,在"缩放"下拉列表中单击"窗口"按钮,然后确定窗口缩放区域即可进行窗口缩放。

❖ **其他缩放工具**

除了范围、实时缩放功能外,AutoCAD 2014 也为用户提供了其他缩放功能以方便使用,调用其他缩放工具的方法如下。

（1）在命令行用键盘输入：ZOOM 或 Z，命令行会列出各种缩放功能的选项，如图 2-32 所示。

图 2-32　缩放功能选项

（2）选择功能区"视图"选项卡中的"二维导航"面板，在"缩放"下拉列表中显示了所有的缩放功能图标，如图 2-33 所示。

（3）在导航栏中单击缩放功能图标 的下拉按钮 ，弹出的下拉列表如图 2-34 所示。

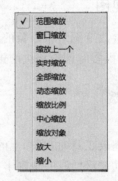

图 2-33　缩放功能图标　　　　　图 2-34　下拉列表

二、平移视图

 知识点拨

❖ 平移视图

平移视图是指在当前界面中移动视图，将图形放置在界面适当的位置。具体操作方式有以下 4 种。

（1）在命令行用键盘输入 PAN 或 P。

（2）单击导航栏的"平移"按钮 。

（3）单击功能区"视图"选项卡的"二维导航"面板中的"平移"按钮 。

（4）右击，在弹出的右键快捷菜单中选择"平移"命令。

执行以上任何一种操作,都会在屏幕上出现一个小手的标志,用户可以上、下、左、右拖动图形,将图形移动到窗口新的位置。

三、鼠标操作基础

❖ **鼠标滚轮的应用**

目前常用的鼠标多为滚轮鼠标,鼠标滚轮位于鼠标左右键中间,可以做细微的实时缩放,也可以单独使用鼠标执行平移功能,快速便捷。滚轮的动作与相应功能如表 2-1 所示。

表 2-1　滚轮的动作与功能

序号	滚 轮 动 作	功　能
1	滚轮向前滚动	放大显示界面
2	滚轮向后滚动	缩小显示界面
3	双击滚轮	等同于范围缩放
4	按住滚轮并拖曳	平移视图
5	按住 Shift 键及滚轮并拖曳	旋转视图
6	按住 Ctrl 键及滚轮并拖曳	动态平移

项目二

基础绘图工具

知识要点

❖ 点、直线的创建；
❖ 矩形、多边形的创建；
❖ 圆、圆弧的创建。

任务一 创 建 点

知识点拨

在 AutoCAD 中，点的创建有单点、多点、定数等分和定距等分。

❖ **绘制单点**

利用单点绘制命令能在指定位置绘制一个点。创建方式有以下两种。

（1）在命令行中用键盘输入 Point。

（2）选择菜单栏的"绘图"→"点"→"单点"命令。

❖ **绘制多点**

利用多点绘制命令能一次绘制多个点。创建方式有以下两种。

（1）单击"绘图"工具条上"点"按钮 ⊡。

（2）选择菜单栏的"绘图"→"点"→"多点"命令。

❖ **绘制实体定数等分点**

利用实体定数等分点绘制命令能在选定的实体上做 n 等分，在等分处绘制点标记。创建方式有以下两种。

（1）在命令行中用键盘输入 Divide。

（2）选择菜单栏的"绘图"→"点"→"定数等分"命令。

❖ **绘制实体定距等分点**

利用实体定数等分点绘制命令能在选定的实体上按给定的长度做等分,在等分处绘制点标记。创建方式有以下两种。

（1）在命令行中用键盘输入 Measure。

（2）选择菜单栏的"绘图"→"点"→"定距等分"命令。

新手学步

❖ **绘制圆六等分点**

步骤1：设置"点的样式"。选择菜单栏的"格式"→"点样式"命令。在弹出的"点样式"对话框中选择 ⊗ 标记,如图3-1所示。

步骤2：选择菜单栏的"绘图"→"点"→"定数等分",图形效果如图3-2所示。

命令行文本参考：

```
命令: _divide
选择要定数等分的对象:          //选择圆
输入线段数目或[块(B)]:6        //按 Enter 键结束
```

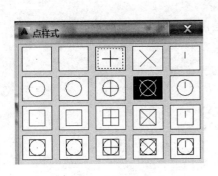

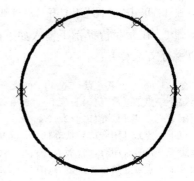

图3-1 "点样式"对话框　　　　　图3-2 绘制定数等分点

任务二　创建直线

知识点拨

❖ **绘制直线**

直线命令是绘图中最简单常用的绘图命令,可以在两点之间绘制一条直线。创建直线的命令有如下3种。

（1）在命令行中用键盘输入 Line。

（2）选择菜单栏的"绘图"→"直线"命令。

（3）单击"绘图"工具条上"直线"按钮 。

❖ 坐标输入

1. 绝对坐标

绝对坐标基于 UCS 原点（0，0），这是 X 轴和 Y 轴的交点。已知点坐标精确的 X 值和 Y 值时，请使用绝对坐标。使用动态输入，可以使用"♯"前缀指定绝对坐标。如果在命令行而不是工具栏提示中输入坐标，可以不使用"♯"前缀。

2. 相对坐标

相对坐标是基于上一输入点的。如果知道某点与前一点的位置关系，可以使用相对 X、Y 坐标。要指定相对坐标，请在坐标前面添加一个"@"符号。

3. 极坐标输入

创建对象时，可以使用绝对极坐标或相对极坐标（距离和角度）定位点。要使用极坐标指定一点，请输入以尖括号"＜"分隔的距离和角度。

 新手学步

绘制如图 3-3 所示矩形。

步骤 1：单击"绘图"工具条上"直线"按钮 。

步骤 2：在命令行提示下输入如下内容，绘图效果如图 3-3 所示。

命令行文本参考：

命令：_line 指定第一点：30，40 ↵（Enter，下同）
指定下一点或 [放弃(U)]：@35＜55°↓
指定下一点或 [放弃(U)]：22，0↓
指定下一点或 [闭合(C)/放弃(U)]：@20＜−125°↓
指定下一点或 [闭合(C)/放弃(U)]：−10，0↓
指定下一点或 [闭合(C)/放弃(U)]：@15＜−125°↓
指定下一点或 [闭合(C)/放弃(U)]：C↓

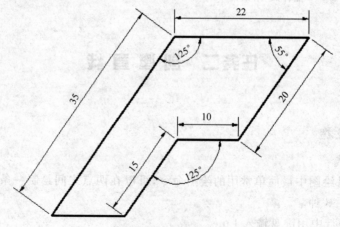

图 3-3　使用相对直角坐标绘制一个图形

任务三 创建矩形

❖ **绘制矩形**

创建矩形的命令有如下 3 种。

（1）在命令行中用键盘输入 Rectangle。

（2）选择菜单栏的"绘图"→"矩形"命令。

（3）单击"绘图"工具条上"矩形"按钮□。

绘制（30,40）为起点的矩形，如图 3-4 所示。

步骤 1：单击"绘图"工具条"矩形"按钮，在命令行输入第一个角点 30,40。

步骤 2：键盘输入@20,10,绘图效果如图 3-4 所示。

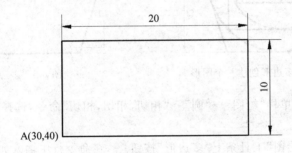

图 3-4 使用矩形命令绘制一个矩形

任务四 创建多边形

❖ **多边形**

创建多边形的命令有如下 3 种。

（1）在命令行中用键盘输入 Polygon。

（2）选择菜单栏的"绘图"→"多边形"命令。

（3）单击"绘图"工具条上"多边形"按钮⬠。

绘制如图 3-5 所示的图形。

步骤 1：单击"绘图"工具条上"多边形"按钮，在命令行中输入如下命令，完成效果如图 3-6 所示。

命令行文本参考：

命令：_polygon 输入侧面数 <4>：5
指定正多边形的中心点或 [边(E)]：
输入选项 [内接于圆(I)/外切于圆(C)]<I>：C
指定圆的半径：42

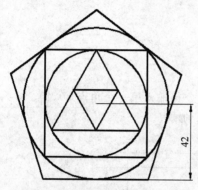

图 3-5   使用多边形创建一个图形

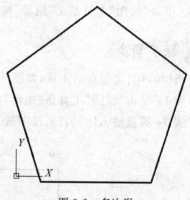

图 3-6   多边形

步骤 2：选择菜单栏"绘图"→"圆"→"相切，相切，相切"命令，选择如图 3-7 所示指定的 3 条边绘制圆。

步骤 3：单击"绘图"工具条上"多边形"按钮，在命令行中输入如下命令，完成效果如图 3-8 所示。

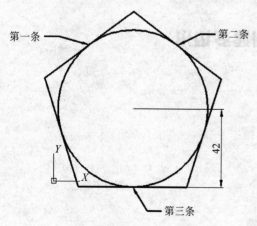

图 3-7   添加相切圆后图形

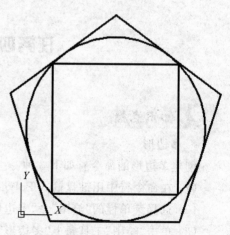

图 3-8   添加四边形后图形

命令行文本参考：

命令：_polygon 输入侧面数 ＜4＞：4
指定正多边形的中心点或 [边(E)]：　//利用"对象捕捉"捕捉步骤 2 圆的圆心
　　　　　　　　　　　　　　　输入选项 [内接于圆(I)/外切于圆(C)] ＜I＞：I

指定圆的半径：42

步骤 4：选择菜单栏"绘图"→"圆"→"相切,相切,相切"命令,选择如图 3-9 所示指定的 3 条边绘制圆。

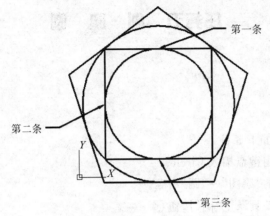

图 3-9　添加与四边形相切圆后图形

步骤 5：单击"绘图"工具条上"多边形"按钮 ⬡,在命令行中输入如下命令,完成效果如图 3-10 所示。

命令行文本参考：

命令：_polygon 输入侧面数 ＜4＞：3
指定正多边形的中心点或 [边(E)]：　　//利用"对象捕捉"捕捉步骤 4 圆的圆心输入选项 [内接于圆(I)/外切于圆(C)] ＜I＞：I

指定圆的半径：　　　　　　　　　　//利用"对象捕捉"捕捉小圆上象限点

步骤 6：单击"绘图"工具条上"多边形"按钮 ⬡,在命令行中输入如下命令,完成效果如图 3-11 所示。

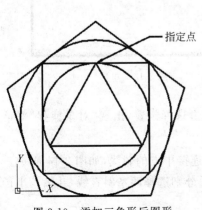

图 3-10　添加三角形后图形

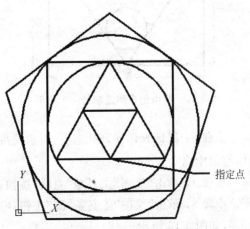

图 3-11　多边形的最终图形

命令行文本参考：

命令：_polygon 输入侧面数 <4>：3

指定正多边形的中心点或 [边(E)]：　　　　//利用"对象捕捉"捕捉步骤4圆的圆心输入选
　　　　　　　　　　　　　　　　　　　　　项 [内接于圆(I)/外切于圆(C)] <I>：I

指定圆的半径：　　　　　　　　　　　　　//利用"对象捕捉"捕捉步骤5三角形中点

任务五　创　建　圆

❖ 绘制圆

创建圆的命令有如下3种。

（1）在命令行中用键盘输入 Circle。

（2）选择菜单栏的"绘图"→"圆"命令。

（3）单击"绘图"工具条上"圆"按钮 ⊙ 。

绘制如图 3-12 所示的图形。

步骤 1：单击"绘图"工具条"矩形"按钮，在绘图区适当位置确定第一个角点。

步骤 2：键盘输入@80,58，图形效果如图 3-13 所示。

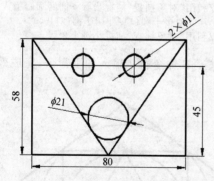

图 3-12　使用创建圆绘制的一个图形

图 3-13　矩形

步骤 3：鼠标光标移到状态栏"对象捕捉"按钮，右击选择设置，出现"对象捕捉"对话框，勾选中点 △ ☑中点(M) 。

步骤 4：单击"绘图"工具条"直线"按钮，绘制两条连接中点的斜线，如图 3-14 所示。

步骤 5：单击"绘图"工具条"圆"按钮，输入 T，然后分别选择两条斜直线，并输入半径10.5，如图 3-15 所示。

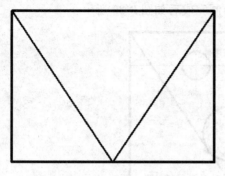

图 3-14 添加两斜线后图形

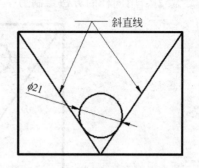

图 3-15 添加与两斜线相切圆后图形

步骤 6：单击"绘图"工具条"直线"按钮，绘制距离矩形底面为 45 的直线，如图 3-16 所示。

步骤 7：选择菜单栏"格式"→"点样式"，出现"点样式"对话框，选择十字点标记，如图 3-17 所示。

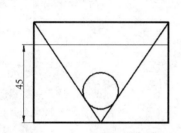

图 3-16 添加一条直线后图形

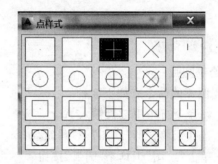

图 3-17 "点样式"对话框

步骤 8：单击菜单栏"绘图"→"点"→"定数等分"，选择如图 3-18 所示直线，在命令行输入 3。

步骤 9：单击"绘图"工具条"圆"按钮，选择等分点作为圆心，输入半径 5.5，如图 3-19 所示。

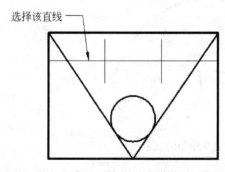

图 3-18 定数等分

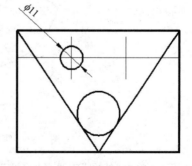

图 3-19 等分处添加圆

步骤10：用同样的方法绘制另一个圆,绘制完成后如图3-20所示。

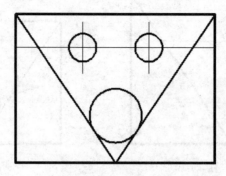

图3-20　创建圆的最终图形

任务六　创建圆弧

❖ **绘制圆弧**

创建圆弧的命令有如下3种。

(1) 在命令行中用键盘输入 Arc。

(2) 选择菜单栏的"绘图"→"圆弧"命令。

(3) 单击"绘图"工具条"圆弧"按钮 。

绘制如图3-21所示的图形。

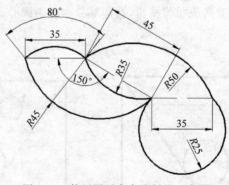

图3-21　使用圆弧命令绘制的一个图

步骤1：单击"绘图"工具条"直线"按钮,绘制长度为35的直线,如图3-22所示。

步骤2：继续调用直线命令,在命令行输入@45＜－30°,绘制直线如图3-23所示。

步骤3：继续调用直线命令,在命令行输入@35,0,绘制直线,如图3-24所示。

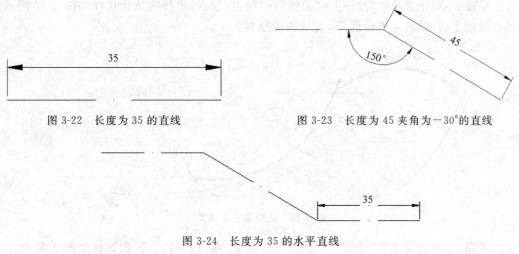

图 3-22 长度为 35 的直线　　　　　　图 3-23 长度为 45 夹角为 −30° 的直线

图 3-24 长度为 35 的水平直线

步骤 4：单击菜单栏"绘图"→"圆弧"→"起点，端点，角度"，依次选择如图 3-25 所示的直线两个端点，输入角度值 80，完成圆弧绘制。

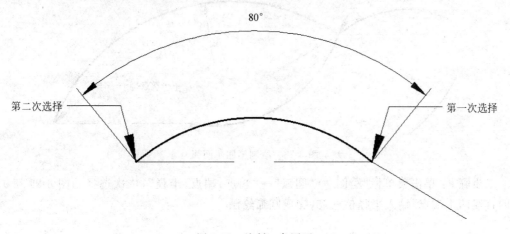

图 3-25 绘制一条圆弧

步骤 5：单击菜单栏"绘图"→"圆弧"→"起点，端点，半径"，依次选择如图 3-26 所示的直线两个端点，输入半径值 45，完成圆弧绘制。

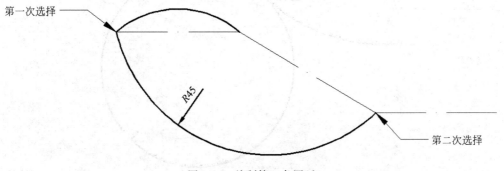

图 3-26 绘制第二条圆弧

　　步骤 6：单击菜单栏"绘图"→"圆弧"→"起点,端点,半径",依次选择如图 3-27 所示的直线两个端点,输入半径值 35,完成圆弧绘制。

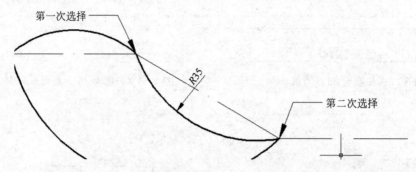

图 3-27　绘制第三条圆弧

　　步骤 7：单击菜单栏"绘图"→"圆弧"→"起点,端点,半径",依次选择如图 3-28 所示的直线两个端点,输入半径值 50,完成圆弧绘制。

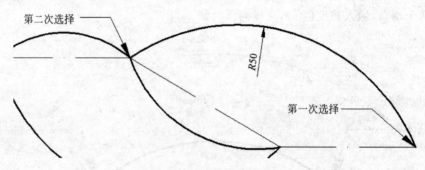

图 3-28　绘制第四条圆弧

　　步骤 8：单击菜单栏"绘图"→"圆弧"→"起点,端点,半径",依次选择如图 3-29 所示的直线两个端点,输入半径值－25,完成圆弧绘制。

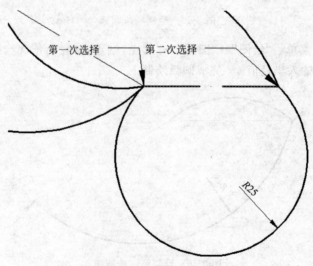

图 3-29　绘制第五条圆弧

步骤 9：绘制完成后，图形如图 3-30 所示。

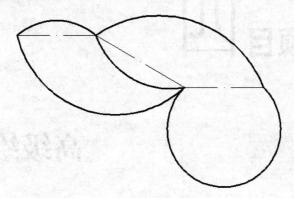

图 3-30 圆弧的最终图形

项目四

高级绘图工具

 知识要点

- 多段线的创建；
- 射线、构造线的创建；
- 多线的创建；
- 样条曲线的创建；
- 椭圆、椭圆弧、圆环的创建；
- 图案填充；
- 修订云线；
- 边界与面域。

任务一 创建多段线

 知识点拨

⋮ 多段线

绘制出由直线段和弧线段连续组成的一个图形实体，即称多段线。它由不同的线型、不同的线宽组成，并且可进行各种编辑。创建多段线的命令有如下 3 种。

（1）在命令行中用键盘输入 pline。

（2）选择菜单栏的"绘图"→"多段线"命令。

（3）单击"绘图"工具条上"多段线"按钮 ⌐⌐。

绘制如图 4-1 所示的图形。

步骤 1：单击"绘图"工具条上"多段线"按钮 ，在命令行中输入如下命令，完成效果如图 4-2 所示。

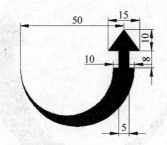

图 4-1 使用多段线命令绘制的一个图形   图 4-2 第一次绘制

命令行文本参考：

命令：_pline↓
指定起点：↓
当前线宽为 0.0000
指定下一个点或 [圆弧(A)/半宽(H)/长度(L)/放弃(U)/宽度(W)]：W↓
指定起点宽度 <0.0000>：0↓
指定端点宽度 <0.0000>：15↓
指定下一个点或 [圆弧(A)/半宽(H)/长度(L)/放弃(U)/宽度(W)]：@0,-10↓
指定下一点或 [圆弧(A)/闭合(C)/半宽(H)/长度(L)/放弃(U)/宽度(W)]：↓

步骤 2：继续调用"多段线"命令，在命令行中输入如下命令，完成效果如图 4-3 所示。
命令行文本参考：

命令：_pline↓
指定起点：
当前线宽为 15.0000↓
指定下一个点或 [圆弧(A)/半宽(H)/长度(L)/放弃(U)/宽度(W)]：W↓
指定起点宽度 <0.0000>：5↓
指定端点宽度 <0.0000>：5↓
指定下一个点或 [圆弧(A)/半宽(H)/长度(L)/放弃(U)/宽度(W)]：@0,-8↓
指定下一点或 [圆弧(A)/闭合(C)/半宽(H)/长度(L)/放弃(U)/宽度(W)]：↓

步骤 3：继续调用"多段线"命令，在命令行中输入如下命令，完成效果如图 4-4 所示。
命令行文本参考：

命令：_pline↓
当前线宽为 8.0000↓
指定下一点或 [圆弧(A)/闭合(C)/半宽(H)/长度(L)/放弃(U)/宽度(W)]：W↓
指定起点宽度 <5.0000>：10↓
指定端点宽度 <10.0000>：0↓
指定下一点或 [圆弧(A)/闭合(C)/半宽(H)/长度(L)/放弃(U)/宽度(W)]：A↓

指定圆弧的端点或

[角度(A)/圆心(CE)/闭合(CL)/方向(D)/半宽(H)/直线(L)/半径(R)/第二个点(S)/放弃(U)/宽度(W)]：@-50,0↓

指定圆弧的端点或

[角度(A)/圆心(CE)/闭合(CL)/方向(D)/半宽(H)/直线(L)/半径(R)/第二个点(S)/放弃(U)/宽度(W)]：↓

图 4-3　第二次绘制　　　　　　　　图 4-4　多段线最终图形

任务二　创建射线与构造线

一、创建射线

 知识点拨

❖ **射线**

创建射线的命令有如下 3 种。

(1) 在命令行中用键盘输入 Ray。

(2) 选择菜单栏的"绘图"→"射线"命令。

(3) 单击"绘图"工具条上"射线"按钮 ╱。

 新手学步

绘制如图 4-5 所示的图形。

步骤 1：在功能区单击"绘图"→"射线"命令。

步骤 2：根据命令提示执行以下操作,绘制的 3 条射线如图 4-5 所示,它们均起始于指定的第一点。

命令行文本参考：

命令：_Ray

指定起点：120,100↓

指定通过点：150,100↓
指定通过点：0,0↓
指定通过点：150,0↓
指定通过点：190,10↓
指定通过点：↓

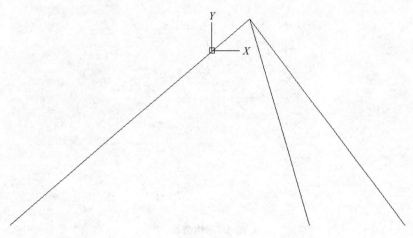

图 4-5　射线

二、创建构造线

　知识点拨

❖ **构造线**

创建构造线的命令有如下 3 种。

(1) 在命令行中用键盘输入 Xline。

(2) 选择菜单栏的"绘图"→"构造线"命令。

(3) 单击"绘图"工具条上"构造线"按钮 。

　新手学步

绘制如图 4-6 所示的图形。

步骤 1：在功能区单击"绘图"→"构造线"命令。

步骤 2：根据命令提示执行以下操作。

命令行文本参考：

命令：_Xline
指定点或：0,0↓
指定通过点：30,30↓
指定通过点：50,－50↓
指定通过点：↓

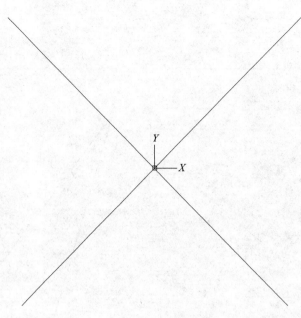

图 4-6　构造线

任务三　创建多线

❖ 多线

创建多线的命令有如下 3 种。

（1）在命令行中用键盘输入 mline。

（2）选择菜单栏的"绘图"→"多线"命令。

（3）单击"绘图"工具条上"多线"按钮 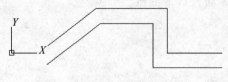 。

绘制如图 4-7 所示的图形。

图 4-7　多线

在功能区单击"绘图"→"多线"命令，接着根据命令提示执行以下操作。

命令行文本参考：

命令：_mline
指定起点或：s↓
输入多线比例：20↓
指定起点或：38,0↓
指定下一点：80,60↓
指定下一点或：100,0↓
指定下一点或：0,－60↓
指定下一点或：76,0↓
指定下一点或：↓

任务四　创建样条曲线

❖ **样条曲线**

创建样条曲线的命令有如下 3 种。

（1）在命令行中用键盘输入 SPline。

（2）选择菜单栏的"绘图"→"样条曲线"命令。

（3）单击"绘图"工具条上"样条曲线"按钮 。

绘制如图 4-8 所示的图形。

图 4-8　样条曲线

在功能区单击"绘图"→"样条曲线"命令，接着根据命令提示执行以下操作。

命令行文本参考：

命令：_SPline
指定起点或：选择起点 1
指定下一点：选择曲线第 2 点
指定下一点或：选择曲线第 3 点
指定下一点或：选择曲线第 4 点
指定下一点或：选择曲线第 5 点
指定下一点或：↓

任务五　创建椭圆与椭圆弧

一、创建椭圆

 知识点拨

⋇ **椭圆**

创建椭圆的命令有如下 3 种。

(1) 在命令行中用键盘输入 ellipse。

(2) 选择菜单栏的"绘图"→"椭圆"命令。

(3) 单击"绘图"工具条上"椭圆"按钮 ⬯。

 新手学步

绘制如图 4-9 所示的图形。

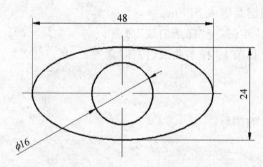

图 4-9　使用椭圆命令绘制的一个图形

步骤 1：单击"绘图"工具条上"椭圆"按钮 ⬯，在命令行中输入如下命令，完成效果如图 4-10 所示。

命令行文本参考：

```
命令: _ellipse
指定椭圆的轴端点或 [圆弧(A)/中心点(C)]: _c  //任意指定一点作圆心
指定椭圆的中心点:
指定轴的端点: @48,0                        //确定长轴的端点
指定另一条半轴长度或 [旋转(R)]: 12          //确定短轴长度
```

步骤 2：单击"绘图"工具条上"椭圆"按钮 ⬯，在命令行中输入如下命令，完成效果如图 4-11 所示。

命令行文本参考：

```
命令: _ellipse
```

指定椭圆的轴端点或［圆弧(A)/中心点(C)］:_c
指定椭圆的中心点: //利用"对象捕捉"捕捉步骤1椭圆的圆心
指定轴的端点:@16,0   //确定长轴的端点
指定另一条半轴长度或［旋转(R)］:8   //确定短轴长度

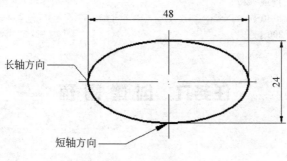

图4-10 椭圆

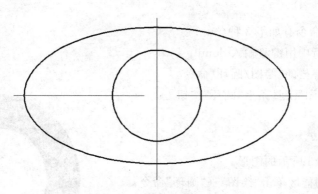

图4-11 椭圆的最终图形

二、创建椭圆弧

❖ 椭圆弧

创建椭圆弧的命令有如下3种。

(1) 在命令行中用键盘输入 ellipse。

(2) 选择菜单栏的"绘图"→"椭圆"→"圆弧"命令。

(3) 单击"绘图"工具条上"椭圆弧"按钮 。

绘制如图4-12所示的图形。

步骤1:在功能区单击"绘图"→"椭圆"→"圆弧"命令。

步骤2:根据命令提示执行以下操作。

命令行文本参考:

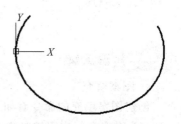

图4-12 椭圆弧

命令：_ellipse
指定椭圆的轴端点或：a
指定椭圆弧的轴端点或：0,0↓
指定轴的另一个端点：50,0↓
指定另一条半轴长度或：20↓
指定起点角度或：−30↓
指定端点角度或：200↓

任务六 创建圆环

 知识点拨

❖ 圆环

创建圆环的命令有如下 3 种。

（1）在命令行中用键盘输入 donut。

（2）选择菜单栏的"绘图/圆环"命令。

（3）单击"绘图"工具条上"圆环"按钮 ◎ 。

 新手学步

绘制如图 4-13 所示的图形。

步骤 1：在功能区单击"绘图"→"圆环"命令。

步骤 2：根据命令提示执行以下操作。

命令行文本参考：

命令：_donut
指定圆环内径：30↓
指定圆环外径：50↓
指定圆环中心点或：30,30↓
指定圆环中心点或：↓

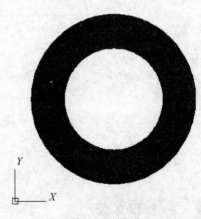

图 4-13 圆环

任务七 图案填充

 知识点拨

❖ 图案填充

创建图案填充的命令有如下 3 种。

（1）在命令行中用键盘输入 Hatch。

（2）选择菜单栏的"绘图"→"图案填充"命令。

（3）单击"绘图"工具条上"图案填充"按钮 。

新手学步

绘制如图 4-14 所示的图形。

步骤 1：单击"绘图"工具条上"多边形"按钮 ，在命令行中输入如下命令，完成效果如图 4-15 所示。

命令行文本参考：

命令：_polygon 输入侧面数 <5>：10
指定正多边形的中心点或 [边(E)]：E
指定边的第一个端点：
指定边的第二个端点：@30,0

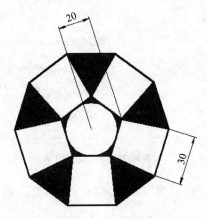

图 4-14　使用图案填充命令绘制的一个图形

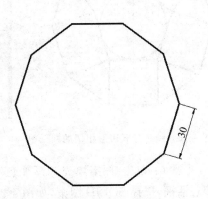

图 4-15　多边形

步骤 2：用"直线"命令绘制两条中心线。再次调用"多边形"命令，输入侧边数：5，利用"对象捕捉"两条中心线的交点作为正多边形的中心点，输入选项：C，指定圆的半径：20，完成图形如图 4-16 所示。

步骤 3：用"直线"命令连接正十边形与正五边形的各端点，如图 4-17 所示。

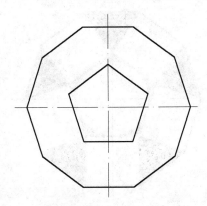

图 4-16　中心点处添加圆

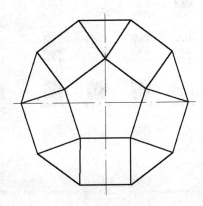

图 4-17　连接正十边形与正五边形的各端点后图形

步骤4：选择菜单栏"绘图"→"圆"→"相切,相切,相切"命令,选择正五边形的任三条边作为切线绘制圆,如图 4-18 所示。

步骤5：单击"绘图"工具条上"图案填充"按钮 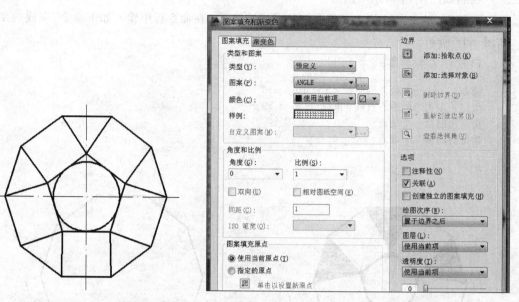,打开"图案填充和渐变色"对话框,如图 4-19 所示。

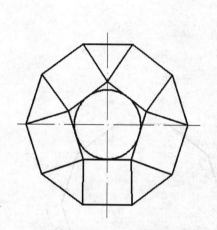

图 4-18　绘制与五边形相切的圆

图 4-19　"图案填充和渐变色"对话框

步骤6：单击"图案填充和渐变色"对话框中的"图案"项的 ,打开"填充图案选项板"对话框,选择 SOLID 图案,如图 4-20 所示。

步骤7：回到"图案填充和渐变色"对话框后,单击"边界"选项中的添加:拾取点 按钮,在如图 4-21 所示的填充区域内部确定任意点作为拾取点,完成图案填充。

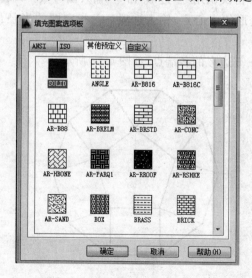

图 4-20　"填充图案选项板"对话框

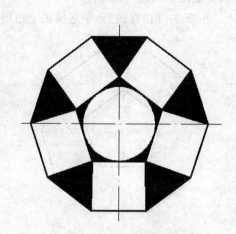

图 4-21　图案填充的最终图形

任务八　修订云线

 **知识点拨**

❖ **修订云线**

创建修订云线的命令有如下 3 种。

（1）在命令行中用键盘输入 revcloud。

（2）选择菜单栏的"绘图"→"修订云线"命令。

（3）单击"绘图"工具条上"修订云线"按钮 。

由于修订云线的命令相对比较简单，请读者自行联系创建修订云线命令，这里不再赘述。

任务九　边界与面域

一、创建边界

 知识点拨

❖ **创建边界**

创建边界的命令有如下 3 种。

（1）在命令行中用键盘输入 boundary。

（2）选择菜单栏的"绘图"→"边界"命令。

（3）单击"绘图"工具条上"边界"按钮 。

 **新手学步**

步骤 1：首先绘制如图 4-22 所示的图形，尺寸自定。

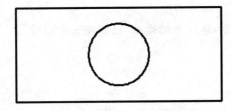

图 4-22　形成边界后的图形

步骤 2：在菜单栏中选择"绘图"→"边界"命令，打开如图 4-23 所示的对话框。

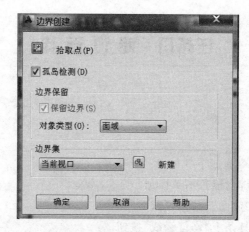

图 4-23 "边界创建"对话框

步骤 3：确保勾选"孤岛检测"复选框，并在"边界保留"选项组的"对象类型"下拉列表中选择"面域"选项。

步骤 4：单击"拾取点"按钮 ，使用鼠标光标在图 4-22 所示图形内部单击，以检测所需边界，完后按 Enter 键，系统出现已创建 2 个面域的提示信息。

二、创建面域

知识点拨

❖ **创建面域**

创建边界的命令有如下 3 种。

（1）在命令行中用键盘输入：Region。

（2）选择菜单栏的"绘图"→"面域"命令。

（3）单击"绘图"工具条上"面域"按钮 。

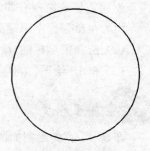

新手学步

步骤 1：首先绘制如图 4-24 所示的图形，尺寸自定。

步骤 2：在菜单栏中选择"绘图"→"面域"命令。

步骤 3：单击图 4-24 所示圆边框。

步骤 4：右击确认命令，这时系统提示"已创建一个面域"。

图 4-24 面域

项目 五

基础编辑工具

知识要点

❖ 选择、删除对象；

❖ 复制与高级复制对象；

❖ 控制与缩放对象。

任务一　选择对象

知识点拨

❖ **选择对象**

当输入一个图形编辑命令后，一般系统会出现"选择对象"提示。这时，屏幕上的十字光标就会变成小方框，称为"目标选择框"。有多种方式构造编辑目标。在"选择对象："提示下输入"?"时，将出现各种选择对象的方式。

1. 直接点取方式

这是默认的一种选择目标方式。将选择框直接移动到欲选择实体的任意部分，并单击，将选中的实体以"醒目"方式显示。

2. 多重指点方式

用指点方式选择目标，可以重复选择实体，但所选择的实体不立刻"醒目"显示，当按下确认键,选择实体结束后,所有被选取的实体同时变为"醒目"显示。

3. 窗口方式

该方式是通过定义一个矩形窗口来选择编辑目标,凡在该窗口内被完全包括的实体都被选中,因此可一次选择多个实体,此时,屏幕上的窗口显示为实线框。

4. 窗交方式

该方式也是用一个矩形窗口来选择编辑目标,与窗口方式基本相同,但区别是只要实体有一部分处于窗口中即被选中,因此它的选择范围较大,此时,屏幕窗口显示为虚线框。

任务二　删除对象

❖ 删除对象

删除对象的命令有如下 3 种。

(1) 在命令行中用键盘输入 Erase。

(2) 选择菜单栏的"修改"→"删除"命令。

(3) 单击"修改"工具条上"删除"按钮 📝 。

删除如图 5-1 所示的圆。

步骤 1:单击"修改"工具条中的"删除"按钮,选择如图 5-2 所示圆。

步骤 2:右击,完成删除图形。

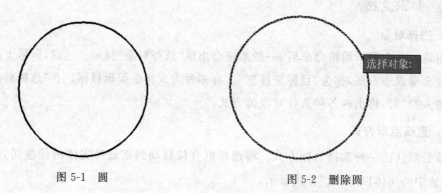

图 5-1　圆　　　　　　　　　　图 5-2　删除圆

任务三 复制对象与高级复制对象

一、复制对象

 知识点拨

❖ 复制对象

复制对象的命令有如下 3 种。

(1) 在命令行中用键盘输入 Copy。

(2) 选择菜单栏的"修改"→"复制"命令。

(3) 单击"修改"工具条上"复制"按钮 。

 新手学步

将直径为 6 的小圆复制到如图 5-3 所示的矩形的另外三个角上。

步骤 1：单击"修改"工具条中的"复制对象"图标按钮 ，输入命令行如下，完成图形如图 5-4 所示。

命令行文本参考：

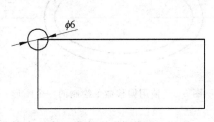

图 5-3 基础图

命令：_copy
选择对象：找到 1 个   //选择直径为 6 的小圆
选择对象：
当前设置： 复制模式 = 多个
指定基点或 [位移(D)/模式(O)] <位移>：   //利用"对象捕捉"捕捉圆心点
指定第二个点或 [阵列(A)] <使用第一个点作为位移>： //捕捉矩形右上角点

步骤 2：同理，完成另外两个角点的圆的复制，如图 5-5 所示。

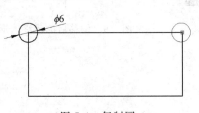

图 5-4 复制圆

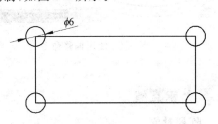

图 5-5 使用复制命令后的图形

二、高级复制对象

高级复制对象包含偏移对象、阵列对象、镜像对象 3 个命令。

❖ 偏移对象

偏移对象的命令有如下3种。

(1) 在命令行中用键盘输入 Offset。

(2) 选择菜单栏的"修改"→"偏移"命令。

(3) 单击"修改"工具条上"偏移"按钮 🖳 。

绘制如图 5-6 所示的图形。

步骤1：调用"椭圆"命令绘制如图 5-7 所示的椭圆。

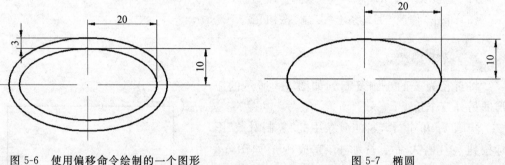

图 5-6　使用偏移命令绘制的一个图形　　　　　图 5-7　椭圆

步骤2：单击"修改"工具条中的"偏移"图标按钮 🖳 ，输入偏移距离：3，选择所绘制的椭圆为偏移对象，在椭圆外侧单击，如图 5-8 所示，完成图形如图 5-9 所示。

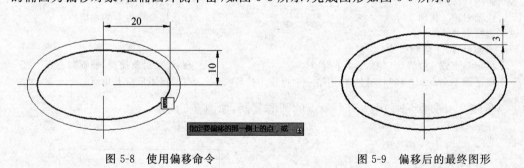

图 5-8　使用偏移命令　　　　　图 5-9　偏移后的最终图形

❖ 阵列对象

阵列对象是指创建按指定方式排列的多个对象副本。AutoCAD 2014 中的阵列分为矩形阵列、环形阵列和路径阵列3种。在创建各种阵列的过程中，可以控制阵列关联性。

阵列对象的命令有如下3种。

(1) 在命令行中用键盘输入 Array。

（2）选择菜单栏的"修改"→"阵列"命令。

（3）单击"修改"工具条上"阵列"按钮 。

新手学步——矩形阵列

绘制如图 5-10 所示的图形。

步骤 1：调用"圆"命令绘制直径为 20 的圆，如图 5-11 所示。

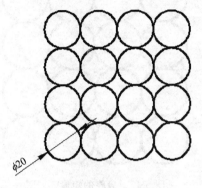

图 5-10　矩形阵列图

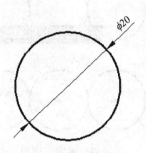

图 5-11　圆

步骤 2：单击"修改"工具条上"阵列"按钮 ，选择步骤 1 所绘制的圆，完成图形如图 5-12 所示。

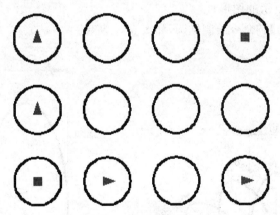

图 5-12　使用阵列命令

步骤 3：选择夹点以编辑阵列，单击如图 5-13 所示夹点，输入列间距 20。

图 5-13　确定列间距

步骤 4：继续选择夹点以编辑阵列，单击如图 5-14 所示夹点，输入行间距 20。

步骤 5：编辑阵列行数，输入 R，指定行数 4，完成图形如图 5-15 所示。

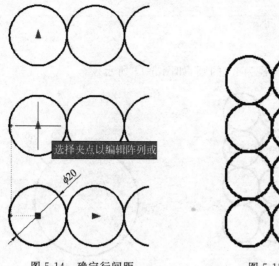

图 5-14　确定行间距

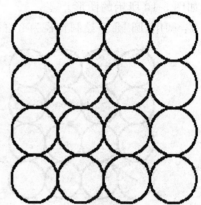

图 5-15　最终的矩形阵列图

新手学步——环形阵列

绘制如图 5-16 所示的图形。

步骤 1：调用"椭圆"命令绘制椭圆，如图 5-17 所示。

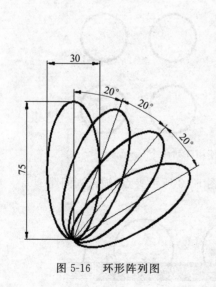

图 5-16　环形阵列图

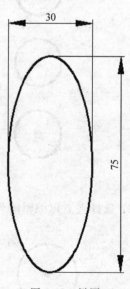

图 5-17　椭圆

步骤 2：单击"修改"工具条上"阵列"按钮 ，选择所绘制的椭圆，利用"对象捕捉"捕捉椭圆的底部象限点作为阵列基点，完成图形如图 5-18 所示。

步骤 3：完成如下命令行，完成后如图 5-19 所示。

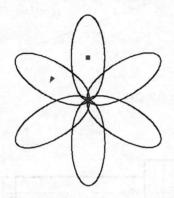

图 5-18　以底部象限点作为阵列基点形成的图　　　图 5-19　修改填充角度后图形

命令行文本参考：

命令：_arraypolar
选择对象：找到 1 个
选择对象：
类型 ＝ 极轴　关联 ＝ 是
指定阵列的中心点或［基点(B)/旋转轴(A)］：
选择夹点以编辑阵列或［关联(AS)/基点(B)/项目(I)/项目间角度(A)/填充角度(F)/行(ROW)/层(L)/旋转项目(ROT)/退出(X)］＜退出＞：I　　　　　　　　　//编辑"项目"
输入阵列中的项目数或［表达式(E)］＜6＞：4
选择夹点以编辑阵列或［关联(AS)/基点(B)/项目(I)/项目间角度(A)/填充角度(F)/行(ROW)/层(L)/旋转项目(ROT)/退出(X)］＜退出＞：A　　　　　　　　　//编辑"项目间角度"
指定项目间的角度或［表达式(EX)］＜90＞：20
选择夹点以编辑阵列或［关联(AS)/基点(B)/项目(I)/项目间角度(A)/填充角度(F)/行(ROW)/层(L)/旋转项目(ROT)/退出(X)］＜退出＞：F　　　　　　　　　　//编辑"填充角度"
指定填充角度(＋＝ 逆时针、−＝ 顺时针)或［表达式(EX)］＜60＞：−60

 新手学步——路径阵列

绘制如图 5-20 所示的图形。

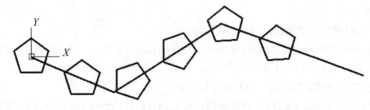

图 5-20　路径阵列

步骤 1：利用"多边形"命令绘制正五边形及一条多段线，如图 5-21 所示。
步骤 2：完成如下命令行，完成后如图 5-22 所示。

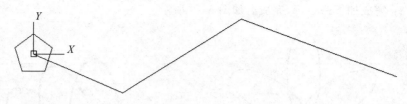

图 5-21　五边形和多段线

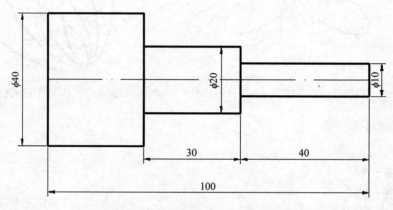

图 5-22　使用镜像命令绘制的一个图形

命令行文本参考：

命令：_arraypath
选择对象：找到 1 个
选择对象：
类型 = 路径　关联 = 否
选择路径曲线：
选择夹点以编辑阵列或 [关联(AS)/方法(M)/基点(B)/切向(T)/项目(I)/行(R)/层(L)/对齐项目
(A)/Z 方向(Z)/退出(X)] <退出>：M　　　　　　　　//选择"方法"
输入路径方法 [定数等分(D)/定距等分(M)]：M
选择夹点以编辑阵列或 [关联(AS)/方法(M)/基点(B)/切向(T)/项目(I)/行(R)/层(L)/对齐项目
(A)/Z 方向(Z)/退出(X)] <退出>：I　　　　　　　　//选择"项目"
指定沿路径的项目之间的距离或 [表达式(E)]：30
最大项目数 = 7
指定项目数或[填写完整路径(F)/表达式(E)]：6
选择夹点以编辑阵列或 [关联(AS)/方法(M)/基点(B)/切向(T)/项目(I)/行(R)/层(L)/对齐项目
(A)/Z 方向(Z)/退出(X)] <退出>：A　　　　　　　　//选择"对齐项目"
是否将阵列项目于路径对齐?[是(Y)/否(N)]：是
选择夹点以编辑阵列或 [关联(AS)/方法(M)/基点(B)/切向(T)/项目(I)/行(R)/层(L)/对齐项目
(A)/Z 方向(Z)/退出(X)] <退出>：Z　　　　　　　　//选择"Z方向"
是否对阵列中的所有项目保持 Z 方向?[是(Y)/否(N)]：是
选择夹点以编辑阵列或 [关联(AS)/方法(M)/基点(B)/切向(T)/项目(I)/行(R)/层(L)/对齐项目
(A)/Z 方向(Z)/退出(X)] <退出>：回车

❖ 镜像对象

镜像对象的命令有如下 3 种。

（1）在命令行中用键盘输入 Mirror。

（2）选择菜单栏的"修改"→"镜像"命令。

（3）单击"修改"工具条上"镜像"按钮 ▲▲。

 新手学步——镜像对象

绘制如图 5-22 所示的图形。

步骤 1：调用"直线"命令绘制如图 5-23 所示图形。

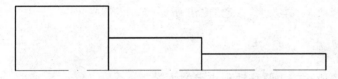

图 5-23　使用直线命令绘制的一个图形

步骤 2：单击"修改"工具条上"镜像"按钮 ▲▲，框选如图 5-24 所示图形作为镜像对象。

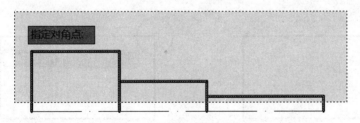

指定对角点

图 5-24　选中需镜像的对象

步骤 3：指定如图 5-25 所示两点为镜像线的第一点和第二点。

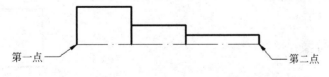

第一点　　　　　　　　　　　　　　　　第二点

图 5-25　指定镜像线

步骤 4：默认不删除对象源，直接按 Enter 键确定，完成图形如图 5-26 所示。

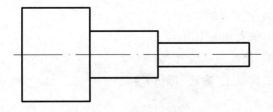

图 5-26　镜像后的最终图形

任务四　控制对象位置

一、移动对象

❖ 移动对象

移动对象的命令有如下3种。

（1）在命令行中用键盘输入Move。

（2）选择菜单栏的"修改"→"移动"命令。

（3）单击"修改"工具条上"移动"按钮 ⊕ 。

将如图5-27所示的小圆移动到指定的位置。

步骤1：单击"修改"工具条上"移动"按钮 ⊕ ，选择小圆为移动对象，指定小圆所在矩形的角点为移动基点，如图5-28所示。

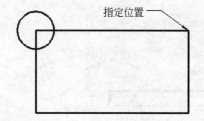

图5-27　使用移动命令前

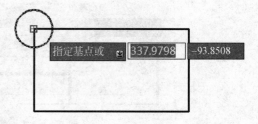

图5-28　指定移动基点

步骤2：选择矩形右上方的角点作为移动的第二个点，完成移动，如图5-29所示。

二、旋转对象

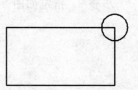

图5-29　使用移动命令后

❖ 旋转对象

旋转对象的命令有如下3种。

（1）在命令行中用键盘输入Rotate。

（2）选择菜单栏的"修改"→"旋转"命令。

（3）单击"修改"工具条上"旋转"按钮 ⟳ 。

将如图 5-30(a)所示的直线,旋转到如图 5-30(b)所示位置。

步骤 1:调用"直线"命令绘制初始图形,如图 5-31 所示。

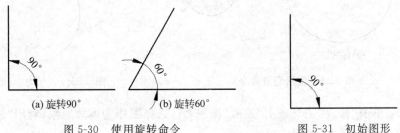

图 5-30 使用旋转命令

图 5-31 初始图形

步骤 2:单击"修改"工具条上"旋转"按钮 ,选择竖直直线作为旋转对象,确定如图 5-32 所示直线端点为旋转基点。

步骤 3:输入旋转角度:-30°,完成旋转,如图 5-33 所示。

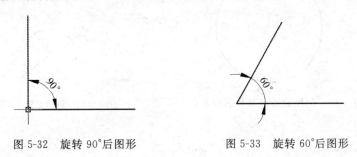

图 5-32 旋转 90°后图形

图 5-33 旋转 60°后图形

任务五 缩放对象

◇ 缩放对象

缩放的命令有如下 3 种。

(1) 在命令行中用键盘输入 Scale。

(2) 选择菜单栏的"修改"→"缩放"命令。

(3) 单击"修改"工具条上"缩放"按钮 。

将如图 5-34(a)所示的圆,缩小 2 倍成如图 5-34(b)所示圆。

步骤 1:调用"圆"命令绘制直径为 60 的圆,如图 5-35 所示。

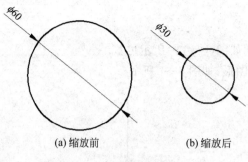

(a) 缩放前　　　　　　　　(b) 缩放后

图 5-34　使用缩放命令

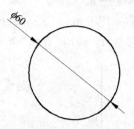

图 5-35　直径为 60 的圆

步骤 2：单击"修改"工具条上"缩放"按钮 ，选择圆作为缩放对象，利用"对象捕捉"捕捉圆心点为缩放基点，如图 5-36 所示。

步骤 3：在命令行中输入比例因子 0.5，完成缩放如图 5-37 所示。

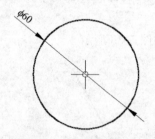

图 5-36　选择缩放对象及缩放基点

图 5-37　缩小 2 倍后图形

项目六

高级编辑工具

 知识要点

- ❖ 倒角和倒圆；
- ❖ 控制对象长度；
- ❖ 打断对象；
- ❖ 合并对象；
- ❖ 分解对象；
- ❖ 夹点编辑。

任务一　倒角与倒圆

一、倒角

 知识点拨

❖ **倒角**

倒角操作可以连接两个对象，使它们以平角或倒角相接。倒角对象的方法有以下4 种。

（1）单击"默认"选择卡下"修改"面板中"圆角"的下拉列表中"倒角"按钮 ⬜ 。

（2）选择菜单栏中的"修改"→"倒角"命令。

（3）单击"修改"工具栏中的"倒角"按钮 ◸ 。

（4）在命令行中用键盘输入 CHAMFER。

上述任一种命令都会执行倒角操作。

绘制如图6-1(b)所示的倒角,上半部分是两个 $5 \times 45°$ 的倒角。其中左边一个是不需修剪;下半部分是倒角角度为30°,倒角距离为8mm的倒角。

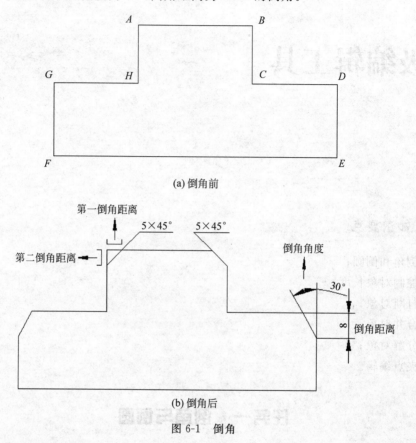

(a) 倒角前

(b) 倒角后

图6-1　倒角

步骤1:用倒角命令倒右上角部分 $5 \times 45°$ 角,单击"修改"工具栏中的"倒角"按钮。
命令行文本参考:

命令:_ CHAMFER
("修剪"模式)当前倒角距离 1 = 0.0000,距离 2 = 0.0000　　//默认为"修剪"模式
选择第一条直线或[放弃(U)/多段线(P)/距离(D)/角度(A)/修剪(T)/方式(E)/多个(M)]:D
　　　　　　　　　　　　　　　　　　　　　　// 选择"距离"模式
指定第一个倒角距离<0.0000>:5
指定第二个倒角距离<0.0000>:5

步骤2:用鼠标拾取指定倒角的第一条直线:AB,然后拾取指定倒角的第二条直线:BC,即可完成倒角工作。

步骤3:用倒角命令完成左上角 $5 \times 45°$ 的倒角,再次单击"修改"工具栏中的"倒角"按钮。

命令行文本参考：

命令：_ CHAMFER
("修剪"模式)当前倒角距离 1 = 0.0000,距离 2 = 0.0000   // 默认为"修剪"模式
选择第一条直线或[放弃(U)/多段线(P)/距离(D)/角度(A)/修剪(T)/方式(E)/多个(M)]：D
                                                        // 选择"距离"模式

指定第一个倒角距离<0.0000>：5
指定第二个倒角距离<0.0000>：5
选择第一条直线或[放弃(U)/多段线(P)/距离(D)/角度(A)/修剪(T)/方式(E)/多个
(M)]：T   // 进入"修剪"模式
输入修剪模式选项 [修剪(T) 不修剪(N)]<修剪>： N   // 选择"不修剪边"模式

步骤 4：用鼠标拾取指定倒角的第一条直线：AB,然后拾取指定倒角的第二条直线：
AH,即可完成不修剪边的倒角。

步骤 5：用倒角命令完成 30°的倒角。

命令行文本参考：

命令：_ CHAMFER
("修剪"模式)当前倒角距离 1 = 0.0000,距离 2 = 0.0000
选择第一条直线或[放弃(U)/多段线(P)/距离(D)/角度(A)/修剪(T)/方式(E)/多个(M)]：A
                                                        // 选择"角度"模式
指定第一条直线的倒角长度 <0.0000>：8
指定第二条直线的倒角角度 <0.0000>：30

步骤 6：用鼠标拾取指定倒角的第一条直线：DE,然后拾取指定倒角的第二条直线：
CD,即可完成倒角。

二、倒圆

知识点拨

❖ **倒圆**

圆角可以用与对象相切且具有指定半径的圆弧连接两个对象,一般应用于相交圆弧
或直线等对象。倒圆对象的方法有以下 4 种。

(1)单击"默认"选择卡下"修改"面板中"圆角"的下拉列表中"圆角"按钮 。

(2)选择菜单栏中的"修改"→"圆角"命令。

(3)单击"修改"工具栏中的"圆角"按钮 。

(4)在命令行中用键盘输入 FILLET。

上述任一种命令都会执行倒圆操作。

新手学步

在图 6-2(a)中,通过倒角命令完成图 6-2(b)中的 R10 倒圆。

步骤 1：单击"修改"工具栏中的"圆角"按钮 ,完成如下命令行。

命令行文本参考：

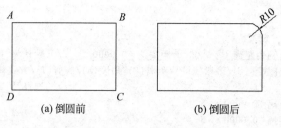

(a) 倒圆前   (b) 倒圆后

图 6-2   倒圆

命令：_ CHAMFER
当前设置：模式 = 修剪,半径 = 0.0000
选择第一个对象或[放弃(U)/多段线(P)/半径(R)/修剪(T)/多个(M)]： R
                                              // 选择"半径"模式
指定圆角半径<0.0000>：10

步骤 2：用鼠标拾取指定倒圆的第一条直线：*AB*,指定第二条直线：*BC*,即可完成倒圆操作。

小贴士：中括号里选项的含义基本上与倒角的相同,区别只是"半径(R)"选项用于设置圆角的半径。

任务二   控制对象长度

知识点拨

❖ **修剪**

修剪可以使对象精确地终止由于其他对象定义的边界。修剪对象的方法有以下 4 种。

(1) 单击"默认"选择卡下"修改"面板中"修剪"的下拉列表"修剪"按钮。

(2) 选择菜单栏中的"修改"→"修剪"命令。

(3) 单击"修改"工具栏中的"修剪"按钮。

(4) 在命令行中用键盘输入 TRIM。

上述任一种命令都会执行修剪操作。

❖ **延伸**

延伸对象的方法有以下 4 种。

(1) 单击"默认"选择卡下"修改"面板中"修剪"的下拉列表"延伸"按钮。

(2) 选择菜单栏中的"修改"→"延伸"命令。

(3) 单击"修改"工具栏中的"延伸"按钮。

(4) 在命令行中用键盘输入 EXTEND。

上述任一种命令都会执行延伸操作。

通过修剪和延伸命令,完成图 6-3(a)中修剪和延伸的操作,完成图形如图 6-3(b)所示。

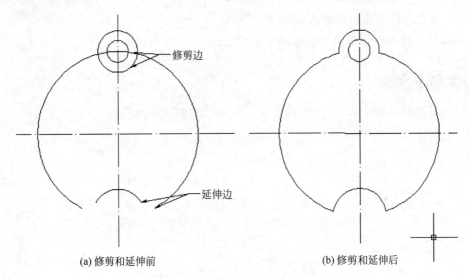

(a)修剪和延伸前   (b)修剪和延伸后

图 6-3   修剪和延伸

步骤 1:修剪圆,单击"修改"工具栏中的"修剪"按钮 ⊹。

步骤 2:选择所剪切的对象,如图 6-3(a)所示,右击确定。

步骤 3:选择所要修剪边,如图 6-3(a)所示,即可完成操作。

步骤 4:延伸圆弧,单击"修改"工具栏中的"延伸"按钮 ⊸⁄。

步骤 5:选择两圆弧为延伸对象,如图 6-3(a)所示。选择完对象后,右击确定。

命令行文本参考:

命令: _ EXTEND
EXTEND [栏选(F) 窗交(C) 投影(P) 边(E) 放弃(U)]: E   // 选择"边对象"模式
EXTEND 输入隐含边延伸模式 [延伸(E) 不延伸(N)] <不延伸>: E
                                                            // 选择"延伸"模式

步骤 6:选择所要延伸的边,如图 6-3(b)所示,即可完成操作。

任务三   打 断 对 象

∴ 打断对象

打断操作可以将一个对象打断为两个对象。对象之间有间隙,也可以没有间隙。打断对象的方法有以下 4 种。

（1）单击"默认"选择卡下"修改"面板中的下拉列表中"打断"按钮 。

（2）选择菜单栏中的"修改"→"打断"命令。

（3）单击"修改"工具栏中的"打断"按钮 。

（4）在命令行中用键盘输入 BREAK。

上述任一种命令都会执行打断操作。

新手学步

通过打断和打断于点命令，完成图 6-4(a)到图 6-4(b)的操作。

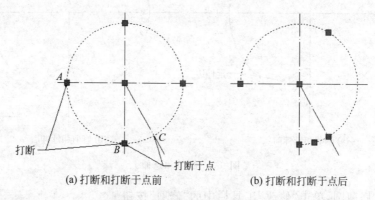

(a) 打断和打断于点前   (b) 打断和打断于点后

图 6-4　打断和打断于点练习

步骤 1：单击"修改"工具栏中的"打断"按钮 。

步骤 2：选择圆为操作对象。

命令行文本参考：

命令：_ BREAK
指定第二个打断点或[第一点(F)]：F   // 指定第一打断点

步骤 3：指定第一个打断点，选择图 6-4(a)所示的 A 点作为第一打断点。

步骤 4：指定第二个打断点，选择图 6-4(a)所示的 B 点作为第二打断点。

步骤 5：单击"修改"工具栏中"打断于点"按钮 。

步骤 6：指定第一个打断点，选择图 6-4(a)所示的 C 点作为第一打断点。

步骤 7：完成对象选择后，右击确定，效果如图 6-4(b)所示。

小贴士：在 AutoCAD 2014 中，打断命令选择对象的点会被默认定义为打断对象的第一点，因此在选择对象之后就选定了第一个打断点了，故直接再确定第二个打断点即可。实际上打断命令有两种，一种是在两点之间打断对象，会留下一个断裂缝隙；另一种是执行打断于点命令，仅在对象上形成一个断裂点，没有间隙。

任务四 合并对象

❖ 合并对象

合并可以将相似的对象合并为一个对象。比如,将两条直线合并为一条,将多个圆合并成一个圆。合并可以用于圆弧、直线、多段线和样条曲线,但是合并操作对对象也有诸多限制。合并对象的方法有以下4种。

(1)单击"默认"选择卡下"修改"面板中"修改"下拉列表中"合并"按钮 ➤。

(2)选择菜单栏中的"修改"→"合并"命令。

(3)单击"修改"工具栏中的"合并"按钮 ➤。

(4)在命令行中用键盘输入 JOIN。

上述任一种命令都会执行合并操作。

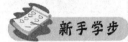

通过合并命令,完成图 6-5(a)到图 6-5(b)的合并操作。

步骤1:单击"修改"工具栏中的"合并"按钮 ➤。

步骤2:选择要合并对象为直线1。完成对象选择后,右击确定。选择所要合并到的对象直线2。完成对象选择后,再次右击确定,完成直线的合并。

步骤3:再次单击"修改"工具栏中的"合并"按钮 ➤。

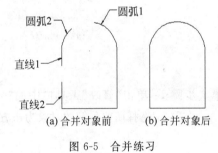

(a)合并对象前　　(b)合并对象后

图 6-5　合并练习

步骤4:选择要合并对象为圆弧1。完成对象选择后,右击确定。选择所要合并到的对象圆弧2。完成对象选择后,右击确定,完成圆弧的合并,效果如图 6-4(b)所示。

任务五 分解对象

❖ 分解对象

由许多矩形、圆、多边形、标注等对象组合在一起的属于组合对象,即这些对象是一个整体,只要选中了对象中的某一个点或某一条边就会选中整个对象。因此若需要对这些对象中的某些部位或元素进行进一步的修改,需要将它们分解为各个层次的组成对象。分解对象的方法有以下 4 种。

(1) 单击"默认"选择卡下"修改"面板中"修改"下拉列表中"分解"按钮 📄 。

(2) 选择菜单栏中的"修改"→"分解"命令。

(3) 单击"修改"工具栏中的"分解"按钮 📄 。

(4) 在命令行中用键盘输入 EXPLODE。

上述任一种命令都会执行合并操作。

 新手学步

通过分解命令,完成图 6-6(a)到图 6-6(b)的合并操作,图 6-6(a)分解前的状态,图 6-6(b)分解后的状态。

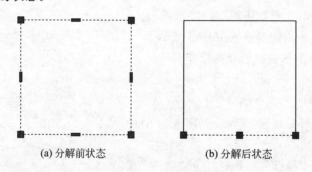

(a) 分解前状态   (b) 分解后状态

图 6-6　分解练习

步骤 1:单击"修改"工具栏中的"分解"按钮 📄 。

步骤 2:选择所要分解的对象为正方形。完成对象选择后,再次右击确定,如图 6-6 所示。

任务六　夹 点 编 辑

 知识点拨

❖ 编辑夹点

利用夹点功能可快速地实现对象的拉伸、移动、修改等,夹点功能是一种非常灵活的编辑功能。可以通过"工具"→"选项"菜单命令打开"选项"对话框,利用"选择集"选项卡设置是否启用(显示)夹点以及设置与夹点相关的选项、参数。默认情况下,启用夹点和夹点提示。

使用夹点可以对图形对象进行拉伸、移动、旋转、缩放或镜像等操作。在选择基准夹点后,用户可以选择一种夹点模式,选择夹点模式的方式主要有如下几种。

(1) 通过按 Enter 键或空格键循环选择这些模式。

（2）使用快捷键或右击查看所有模式和选项，从中选择所需要的夹点模式。

 新手学步

通过编辑夹点命令，图 6-7 中的直线长度拉伸到 200 长。

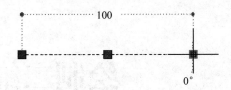

图 6-7 通过编辑夹点拉伸前

步骤 1：用鼠标左键选择直线。

步骤 2：在直线上通过单击选择基准夹点，此时，亮显选定夹点并激活默认夹点模式"拉伸"，如图 6-8 所示。

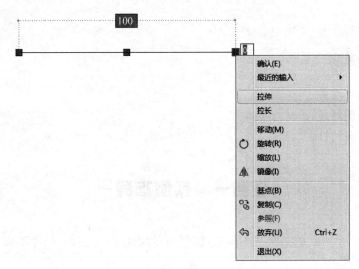

图 6-8 使用编辑夹点命令

步骤 3：在拉伸框中输入 100，如图 6-9 所示，再按 Enter 键确认。

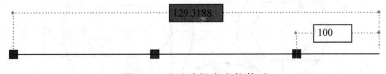

图 6-9 通过编辑夹点拉伸后

项目七

绘制二维基本图形

知识要点

❖ 管理图形文件；

❖ 设置绘图环境；

❖ 设置对象特性。

任务一 实例指导一

完成如图 7-1 所示的二维基本图形，按照图示尺寸 1：1 绘制，尺寸不需标注。

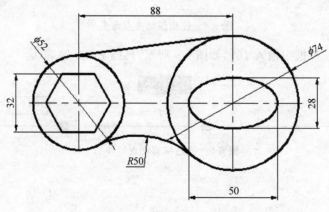

图 7-1 实例指导一图形

知识点拨

本例关键流程如下。

（1）用"直线"工具绘制基准线。

（2）用"圆"工具绘制两个圆。

（3）用"正多边形"工具绘制正六边形。

（4）用"椭圆"工具完成椭圆绘制。

（5）用"直线"工具作两圆的外公切线。

（6）用"圆"工具绘制两圆的外切圆，用"修剪"工具修剪多余圆弧。

新手学步

步骤1：启动 AutoCAD 2014。

步骤2：设置图形界限，把绘图界限设置为横幅 A4(297mm×210mm)。

步骤3：除"0"层外，新建"轮廓线"和"中心线"两个图层，设置"中心线"图层为当前图层。

步骤4：选择"绘图"工具栏中的"直线"工具 ✎，绘制水平和竖直基准线，图形效果如图 7-2 所示。

步骤5：设置"轮廓线"图层为当前图层。选择"圆"工具 ⊘，绘制直径分别为 52 和 74 的两个圆，图形效果如图 7-3 所示。

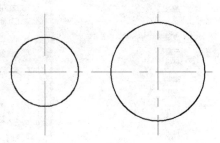

图 7-2　实例指导的基准线　　　　　图 7-3　直径分别为 52 和 74 的两个圆

步骤6：选择"绘图"工具栏中的"正多边形"工具 ⬠，绘制正六边形，图形效果如图 7-4 所示。

命令行文本参考：

命令：_polygon 输入边的数目 <4>: 6　　　　　　　//输入正多边形边数
指定正多边形的中心点或 [边(E)]:　　　　　　　　//捕捉基准线交点为中心点
输入选项 [内接于圆(I)/外切于圆(C)] <I>:C　　　 //选择绘制方式为"外切于圆"
指定圆的半径: 16　　　　　　　　　　　　　　　　//指定内切圆的半径

步骤7：选择"绘图"工具栏中的"椭圆"工具 ⬭，绘制椭圆，图形效果如图 7-5 所示。

命令行文本参考：

命令：_ellipse

指定椭圆的轴端点或 [圆弧(A)/中心点(C)]: c　　　//选择"中心点"定椭圆方式
指定椭圆的中心点:　　　　　　　　　　　　　　//捕捉基准线交点为中心点
指定轴的端点: 25　　　　　　　　　　　　　　//输入长轴半径值
指定另一条半轴长度或 [旋转(R)]: 14　　　　　//输入短轴半径值

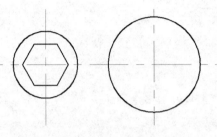
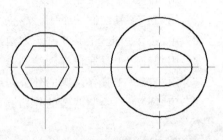

图 7-4　绘制正六边形　　　　　　　　图 7-5　绘制椭圆

　　步骤 8: 右击状态栏中的"对象捕捉"按钮，在弹出的快捷菜单中选择"设置"选项，如图 7-6 所示。弹出"草图设置"中的"对象捕捉"选项对话框，将"对象捕捉模式"中"切点"模式前面的复选框中打"√"，其余复选框中的"√"去掉，如图 7-7 所示，完成后单击"确定"按钮。

图 7-6　"设置"选项　　　　　　　　图 7-7　"对象捕捉"选项对话框

　　步骤 9: 选择"绘图"工具栏中的"直线"工具，绘制两圆的外公切线，图形效果如图 7-8 所示。
　　步骤 10: 选择"圆"工具，绘制一个半径为 50 的圆，图形效果如图 7-9 所示。
命令行文本参考:

命令: _circle 指定圆的圆心或 [三点(3P)/两点(2P)/切点、切点、半径(T)]: t
　　　　　　　　　　　　　　　　　　　　//选择"切点、切点、半径"模式

指定对象与圆的第一个切点：   //用"对象捕捉"工具捕捉圆切点
指定对象与圆的第二个切点：   //用"对象捕捉"工具捕捉圆切点
指定圆的半径＜37.0000＞：50   //输入半径值，按 Enter 键结束

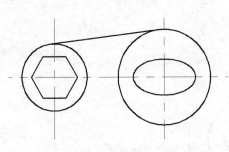
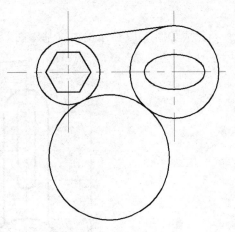

图 7-8   绘制两圆的外公切线   图 7-9   绘制圆

步骤 11：用"修剪"工具 ✚ 修剪多余的圆弧，图形效果如图 7-10 所示。
命令行文本参考：

命令：_trim
当前设置：投影＝UCS,边＝无
选择剪切边…
选择对象或＜全部选择＞： 找到 1 个   //选择直径为 52 的圆
选择对象：找到 1 个,总计 2 个   //选择直径为 74 的圆
选择对象：   //按 Enter 键结束对象选择
选择要修剪的对象,或按住 Shift 键选择要延伸的对象,或
[栏选(F)/窗交(C)/投影(P)/边(E)/删除(R)/放弃(U)]:   //选择半径为 50 的圆多余部分
选择要修剪的对象,或按住 Shift 键选择要延伸的对象,或
[栏选(F)/窗交(C)/投影(P)/边(E)/删除(R)/放弃(U)]:   //按 Enter 键结束

步骤 12：选择"打断"工具 ▣ ,将中心线在适当位置打断,图形效果如图 7-11 所示。

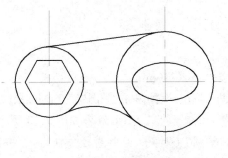
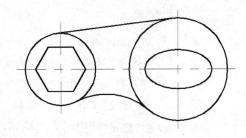

图 7-10   修剪多余的圆弧   图 7-11   将中心线在适当位置打断

步骤 13：保存文件。单击"保存"按钮 ▣ ,将文件保存为："实例指导一.dwg"文件。

任务二　实例指导二

完成如图 7-12 所示的二维基本图形,按照图示尺寸 1∶1 绘制,尺寸不需标注。

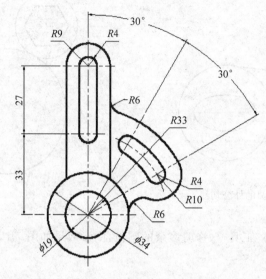

图 7-12　实例指导二图形

 知识点拨

本例关键流程如下。

(1) 用"直线""偏移"工具绘制基准线。

(2) 用"圆"工具绘制圆。

(3) 用"直线"工具绘制连接线,用"修剪"工具修剪多余线段。

(4) 用"圆"工具绘制圆。

(5) 用"倒圆"工具完成圆弧连接绘制,用"修剪"工具修剪多余圆弧。

 新手学步

步骤 1:启动 AutoCAD 2014。

步骤 2:设置图形界限,把绘图界限设置为竖幅 A4(210mm×297mm)。

步骤 3:除"0"层外,新建"轮廓线"和"中心线"两个图层,设置"中心线"图层为当前图层。

步骤 4:选择"直线"工具 ╱ 和"偏移"工具 ╚,绘制基准线,图形效果如图 7-13 所示。

步骤 5:设置"轮廓线"图层为当前图层。选择"圆"工具 ⊘,绘制直径分别为 34 和 19 的两个圆,半径分别为 9 和 4 的两个圆,图形效果如图 7-14 所示。

步骤 6:选择"直线"工具 ╱,利用对象捕捉绘制轮廓连接线,图形效果如图 7-15 所示。

步骤 7:用"修剪"工具 ╱- 修剪多余线段,图形效果如图 7-16 所示。

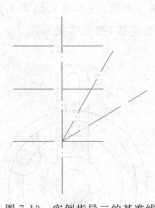

图 7-13　实例指导二的基准线

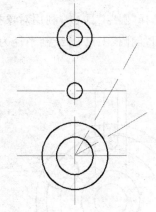

图 7-14　绘制多个圆

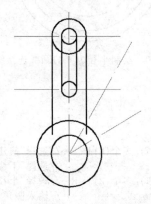

图 7-15　用对象捕捉绘制轮廓连接线

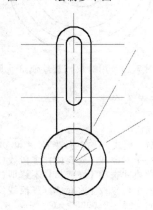

图 7-16　修剪多余线段

步骤 8：设置"中心线"图层为当前图层，选择"圆"工具 ⊘，绘制直径 33 的圆，图形效果如图 7-17 所示。

步骤 9：设置"轮廓线"图层为当前图层。选择"圆"工具 ⊘，绘制半径分别为 10 和 4 的两个圆，图形效果如图 7-18 所示。

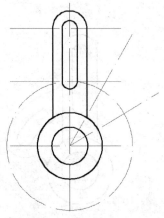

图 7-17　绘制直径为 33 的圆

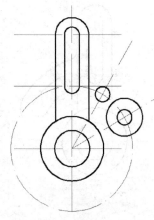

图 7-18　绘制两个圆

步骤10：选择"圆"工具 ⊘，利用对象捕捉绘制3个圆，图形效果如图7-19所示。

步骤11：用"倒圆"工具 ◻ 绘制半径为6的圆弧连接，图形效果如图7-20所示。

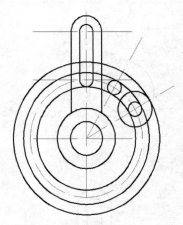

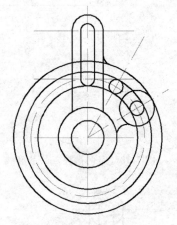

图 7-19　用对象捕捉绘制 3 个圆　　　　图 7-20　绘制半径为 6 的圆弧连接线

命令行文本参考：

```
命令: _fillet
当前设置: 模式 = 修剪,半径 = 0.0000
选择第一个对象或 [放弃(U)/多段线(P)/半径(R)/修剪(T)/多个(M)]: T      //选择"修建"模式
输入修剪模式选项 [修剪(T)/不修剪(N)] <修剪>: N                    //选择"不修剪"模式
选择第一个对象或 [放弃(U)/多段线(P)/半径(R)/修剪(T)/多个(M)]: R      //选择"半径"模式
指定圆角半径 <0.0000>: 6                                       //输入圆角半径为6
选择第一个对象或 [放弃(U)/多段线(P)/半径(R)/修剪(T)/多个(M)]:
选择第二个对象,或按住 Shift 键选择对象以应用角点或 [半径(R)]:       //按 Enter 键结束
```

步骤12：用"修剪"工具 ╱ 修剪多余线段、圆弧，图形效果如图7-21所示。

步骤13：选择"打断"工具 ◻，将中心线在适当位置打断，如图7-22所示。单击"保存"按钮 ▦，将文件保存为"实例指导二.dwg"文件。

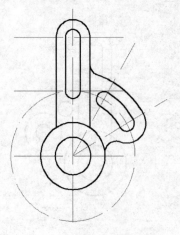

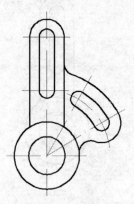

图 7-21　修剪多余线和圆弧　　　　　图 7-22　打断后图形

任务三 实例指导三

完成如图 7-23 所示的二维基本图形,按照图示尺寸 1：1 绘制,尺寸不需标注。

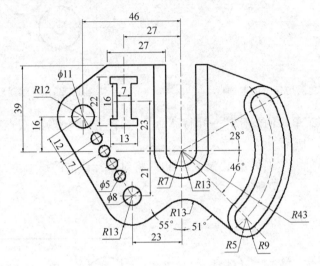

图 7-23 实例指导三图形

 知识点拨

本例关键流程如下。

(1) 用"直线""圆""偏移"工具绘制基准线。

(2) 用"圆"工具绘制圆。

(3) 选择"圆心、起点、端点"方式绘制圆弧。

(4) 用"直线"工具绘制轮廓线。

(5) 用"倒圆"工具完成圆弧连接绘制,用"修剪"工具修剪多余圆弧。

(6) 用"偏移"工具绘制辅助线,用"圆"工具绘制圆。

 新手学步

步骤 1：启动 AutoCAD 2014。

步骤 2：设置图形界限,把绘图界限设置为竖幅 A4(297mm×210mm)。

步骤 3：除"0"层外,新建"轮廓线"和"中心线"两个图层,设置"中心线"图层为当前图层。

步骤 4：选择"直线"工具 ╱ 和【圆】工具 ⊙,"编辑"工具栏中的"偏移"工具 ⊿,绘制基准线,图形效果如图 7-24 所示。

步骤 5：设置"轮廓线"图层为当前图层,选择"圆"工具 ⊙ 绘制圆,图形效果如图 7-25 所示。

图 7-24　实例指导三的基准线

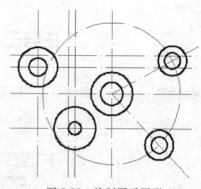

图 7-25　绘制圆后图形

步骤 6：选择菜单栏的"绘图"→"圆弧"命令，选择"圆心，起点，端点"方式绘制圆弧，图形效果如图 7-26 所示。

步骤 7：选择"偏移"工具 ⬠ 绘制线段 1，并将对象特性中的线型由"中心线"改为"轮廓线"，图形效果如图 7-27 所示。

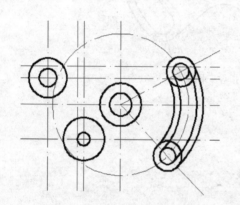

图 7-26　绘制圆弧后图形

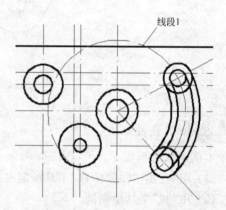

图 7-27　改变线型并使用偏移后图形

步骤 8：选择"直线"工具 ✎，利用对象捕捉绘制轮廓连接线，图形效果如图 7-28 所示。

步骤 9：用"修剪"工具 ✚ 修剪多余线段、圆弧，图形效果如图 7-29 所示。

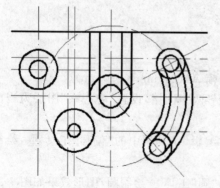

图 7-28　用对象捕捉绘制轮廓连接线

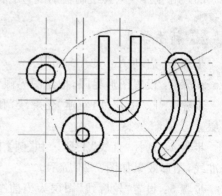

图 7-29　修剪多余线段和圆弧后图形

步骤 10：选择"直线"工具 ✏ 绘制各圆的切线。绘制图 7-30 所示线段 2 时，右击状态栏中的"对象追踪"按钮 ⊿，具体输入详见命令行参考文本。

命令行文本参考：

```
命令：_line
指定第一个点：<对象捕捉追踪开> >>              //打开"对象追踪"模式
指定第一个点：                                  //选择图中 A 点
指定下一点或 [放弃(U)]：@-27,0                  //输入相对坐标值确定线段起点
指定下一点或 [放弃(U)]：                         //捕捉圆的切点
指定下一点或 [闭合(C)/放弃(U)]：//选择图中 A 点   //按 Enter 键结束
```

步骤 11：选择"直线"工具 ✏ 绘制图 7-31 所示线段 3、线段 4，具体输入详见命令行参考文本。

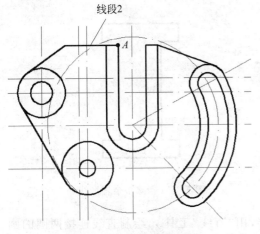

图 7-30 绘制各圆的切线

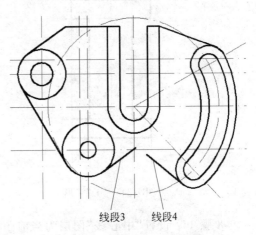

图 7-31 绘制线段 3 和线段 4

绘制线段 3 命令行文本参考：

```
命令：_line
指定第一个点：                      //捕捉圆弧的切点作为线段起点
指定下一点或 [放弃(U)]：@20<35      //输入极坐标值确定线段终点
```

绘制线段 4 命令行文本参考：

```
命令：_line
指定第一个点：                      //捕捉圆弧的切点作为线段起点
指定下一点或 [放弃(U)]：@50<141     //输入极坐标值确定线段终点
```

步骤 12：用"倒圆"工具 ◻ 绘制半径为 13 的圆弧连接，选择"打断"工具 ◻，将中心线在适当位置打断，图形效果如图 7-32 所示。

步骤 13：绘制图形左上角"工"字形部分时，先用"偏移"工具 ◻ 绘制辅助线，如图 7-33 所示。然后用"直线"工具 ✏，通过对象捕捉功能绘制出"工"字形形状，如图 7-34 所示。最后选择"编辑"工具栏中的"删除"工具 ✏，删除多余辅助线，图形效果如图 7-35 所示。

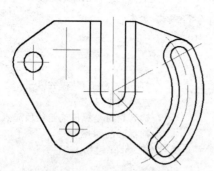

图 7-32　使用倒角和打断后的图形

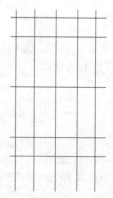

图 7-33　绘制辅助线

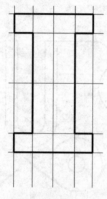

图 7-34　"工"字形

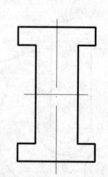

图 7-35　删除多余辅助线

步骤 14：设置"中心线"图层为当前图层，用"直线"工具 ∕ 绘制直线连接两圆的圆心。用"偏移"工具 ⊜ 绘制辅助线 1、辅助线 2，用"直线"工具 ∕ 绘制辅助线 3 连接辅助线 1、2 顶点，如图 7-36 所示。

步骤 15：用"偏移"工具 ⊜ 将辅助线 3 根据图形要求尺寸偏移复制，选择"圆"工具 ⊙ 绘制圆，图形效果如图 7-37 所示。

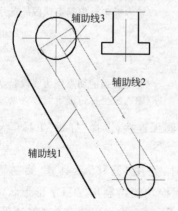

图 7-36　绘制 3 条辅助线

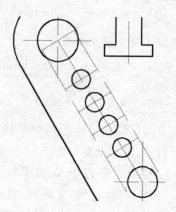

图 7-37　偏移复制并绘制圆

步骤 16：选择"打断"工具 🔲，将中心线在适当位置打断，如图 7-38 所示。单击"保存"按钮 🔲，将文件保存为："实例指导三.dwg"文件。

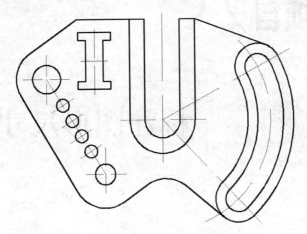

图 7-38 打断后图形

项目 **八**

标注图形尺寸和文字

知识要点

❖ 创建标注样式；

❖ 标注图形尺寸；

❖ 标注多重引线；

❖ 编辑标注对象；

❖ 创建公差标注；

❖ 创建、编辑文字说明；

❖ 创建与插入块。

在机械制图或者其他工程制图中，尺寸标注必须采用细实线绘制。一个完整的尺寸标注应该包括以下几部分，如图 8-1 所示。

（1）尺寸界线：从标注端点引出的标明标注范围的直线。尺寸界线可由图形轮廓线、轴线或对称中心线引出，也可以直接利用轮廓线、轴线或对称中心线作为尺寸界线。

（2）尺寸线：尺寸线与尺寸界线垂直，其终端一般采用箭头形式。

（3）标注文字：标出图形的尺寸值，一般在尺寸线的上方；对非水平方向的尺寸，其文字也可水平标在尺寸线的中断处。

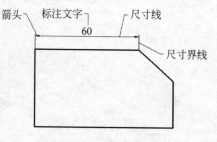

图 8-1　尺寸标注的组成

任务一 创建标注样式

❖ 创建标注样式

在 AutoCAD 2014 中,可通过标注样式控制标注格式,包括尺寸线线型、尺寸线箭头长度、标注文字的高度方式等。打开"标注样式管理器"对话框方法主要有以下几种。

(1) 单击"默认"选择卡下"修改"面板中"标注样式"按钮 ⬚。

(2) 选择菜单栏中的"格式"→"标注样式"命令。

(3) 单击"标注"工具栏中的"标注样式"按钮 ⬚。

(4) 运行命令 DIMSTYLE。

上述任一种命令都可以执行创建标注操作,打开"标注样式管理器"对话框,如图 8-2 所示。

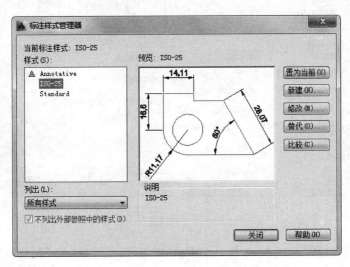

图 8-2 "标注样式管理器"对话框

创建标注样式,要求尺寸界线超出尺寸线为 2mm,箭头大小为 4mm,字体选用长仿宋型,字体高度为 3.5mm,宽高之比为 0.7,小数分隔符为"."。

步骤 1:单击"标注"工具栏上"标注样式"按钮 ⬚。

步骤 2:单击"标注样式管理器"对话框右侧的 新建(N)... 按钮,打开"创建新标注样式"对话框,如图 8-3 所示。在"新样式名"文本框中输入新建的样式名称"机械",然后单击对话框右侧的 继续 按钮,弹出"新建标注样式"对话框,如图 8-4 所示。

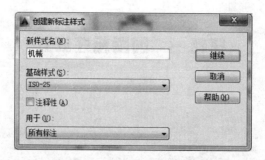

图 8-3 "创建新标注样式"对话框

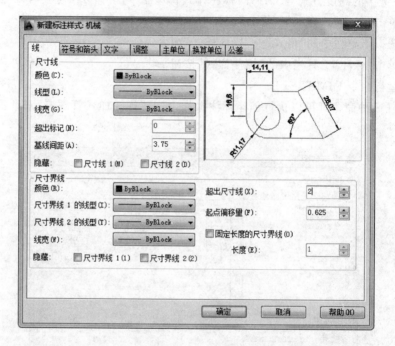

图 8-4 "线"选项卡

步骤 3：打开"线"选项卡，如图 8-4 所示，在"超出尺寸线(X)"调整框修改值为 2，其余参数暂为默认。

步骤 4：打开"符号和箭头"选项卡，如图 8-5 所示，在"箭头大小"调整框中修改值为 4，其余参数暂为默认。

步骤 5：打开"文字"选项卡，如图 8-6 所示，在"文字样式"调整框右侧单击 □ 进入文字样式调整框如图 8-7 所示，在"字体名"下拉菜单中选择 仿宋_GB2312 ▼字体，在"高度"调整框中输入 3.5，在"宽度因子"调整框中输入 0.7，其余参数默认。

步骤 6：打开"主单位"选项卡，如图 8-8 所示，在"小数分隔符"右侧下拉菜单中选中 "." (句点) ▼句号选项，表示设置用于十进制格式的分隔符号，只有当"单位格式"设为"小数"格式时才有效，其余参数默认。

步骤 7：在调整好以上基本的设置后，单击"确定"按钮，完成标注样式的创建。

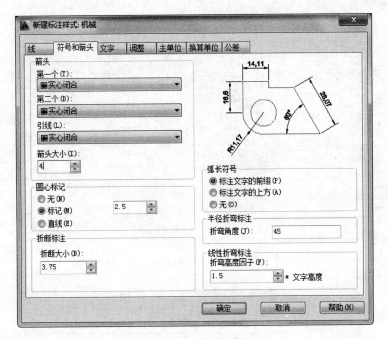

图 8-5 "符号和箭头"选项卡

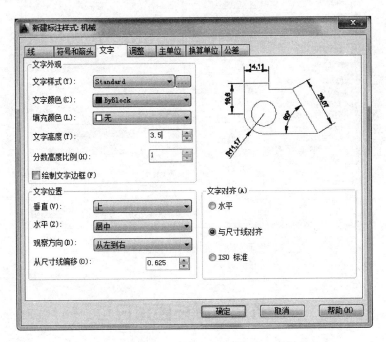

图 8-6 "文字"选项卡

    步骤8：在完成新建标注样式以后，在"标注样式管理器"对话框左侧选择刚创建的标注样式。单击右侧的 置为当前(U) 按钮，可将该样式置为当前。

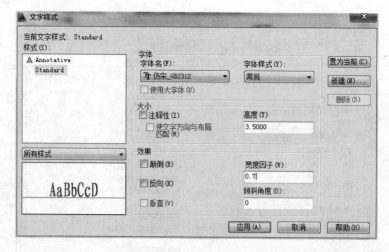

图 8-7 "文字样式"调整框

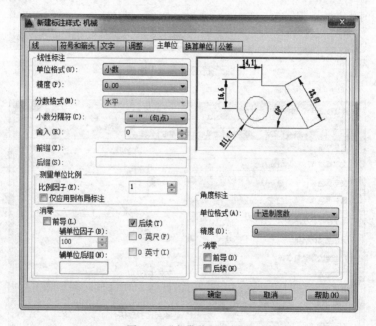

图 8-8 "主单位"调整框

任务二 标注图形尺寸

 **知识点拨**

❖ 标注线性尺寸

线性标注一般指的尺寸线为垂直和水平的长度尺寸标注。执行线性标注功能主要有以下几种。

（1）单击"注释"选择卡下"标注"面板中"线性标注"按钮 ⊢ 。

（2）选择菜单栏中的"标注"→"线性"命令。

（3）单击"标注"工具栏中的"线性按钮" ⊢ 。

（4）在命令行中用键盘输入 DIMLINEAR。

上述任一种命令都能执行线性标注操作。

❖ **标注对齐尺寸**

在对齐标注中，尺寸线平行于尺寸界线原点连成的直线，执行标注对齐功能主要有以下几种。

（1）单击"默认"选择卡下"注释"面板中"对齐标注"按钮 ↖ 。

（2）选择菜单栏中的"标注"→"对齐"命令。

（3）单击"标注"工具栏中的"对齐标注"按钮 ↖ 。

（4）在命令行中用键盘输入 DIMALIGN。

上述任一种命令都能执行对齐标注操作。

❖ **标注角度尺寸**

角度标注可用于标注两条直线或 3 个点之间的角度，也可应用于圆弧或圆等图形对象。执行标注角度尺寸功能主要有以下几种。

（1）单击"默认"选择卡下"注释"面板中"角度标注"按钮 △ 。

（2）选择菜单栏中的"标注"→"角度"命令。

（3）单击"标注"工具栏中的"角度标注"按钮 △ 。

（4）在命令行中用键盘输入 DIMANGULAR。

上述任一种命令都能执行角度标注操作。

 新手学步

在图 8-9(a)中，通过线性标注、对齐标注、角度标注命令完成图 8-9(b)所示的尺寸标注。

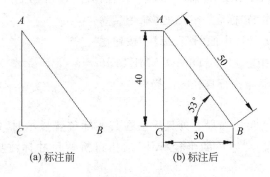

(a) 标注前   (b) 标注后

图 8-9 标注

步骤1：标注线性尺寸,单击"标注"工具栏上"标注样式"按钮 ⊢ 。

步骤2：如图8-9所示,先用鼠标指定第一条尺寸界线的原点：A点,随后指定第二条尺寸界线的原点：C点。用鼠标把尺寸拖到如图所示的位置,然后单击确定,完成尺寸40的标注。

步骤3：再次单击"标注"工具栏上"标注样式"按钮 ⊢ 。

步骤4：用鼠标指定第一条尺寸界线的原点：C点,随后指定第二条尺寸界线的原点：B点。用鼠标把尺寸拖到如图所示的位置,然后单击确定,完成尺寸30的标注。

步骤5：标注对齐尺寸,单击"标注"工具栏中的"对齐标注"按钮 ✧ 。

步骤6：用鼠标指定第一条尺寸界线的原点：A点,随后指定第二条尺寸界线的原点：B点。用鼠标把尺寸拖到如图所示的位置,然后单击确定,完成尺寸50的标注。

步骤7：标注角度尺寸,单击"标注"工具栏中"角度标注"按钮 △ 。

步骤8：用鼠标指定第一条直线AB,随后指定第二条直线BC。用鼠标把尺寸拖到如图所示的位置,然后右击确定,完成尺寸53°的标注。

知识点拨

❖ **标注半径尺寸**

半径标注用于标注圆或圆弧的半径,在标注文字前加半径符号R表示。执行半径标注功能主要有以下几种。

(1) 单击"默认"选择卡下"注释"面板中"半径标注"按钮 ⊙ 。

(2) 选择菜单栏中的"标注"→"半径"命令。

(3) 单击"标注"工具栏中的"半径标注"按钮 ⊙ 。

(4) 在命令行中用键盘输入DIMRADIUS。

上述任一种命令都能执行半径标注操作。

❖ **标注直径尺寸**

直径标准用于标注圆或圆弧的直径,在标准文字前加直径符号ϕ表示。执行直径标注功能主要有以下几种。

(1) 单击"默认"选择卡下"注释"面板中"直径标注"按钮 ⊘ 。

(2) 选择菜单栏中的"标注"→"直径"命令。

(3) 单击"标注"工具栏中的"直径标注"按钮 ⊘ 。

(4) 在命令行中用键盘输入DIMDIAMETER。

上述任一种命令都能执行直径标注操作。

❖ **标注折弯尺寸**

当圆弧或圆的中心位于布局之外且无法在其实际位置显示时,使用折弯标注可以创建折弯半径标注,也称为"缩放的半径标注"。执行折弯尺寸标注功能主要有以下几种方式。

(1) 单击"默认"选择卡下"注释"面板中"折弯标注"按钮 ⟋ 。

(2) 选择菜单栏中的"标注"→"折弯"命令。

（3）单击"标注"工具栏中的"折弯标注"按钮 。

（4）在命令行中用键盘输入 DIMJOGGED。

上述任一种命令都能执行折弯尺寸标注。

新手学步

在图 8-10(a)中,通过半径标注、直径标注、折弯标注命令完成图 8-10(b)所示的尺寸标注。

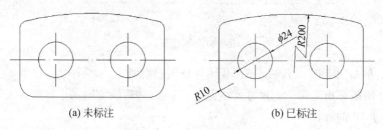

(a)未标注　　　　　　　　　(b)已标注

图 8-10　标注图形

步骤 1：单击"标注"工具栏上"半径标注"按钮 ⊙。

步骤 2：在光标变成选择对象时的方框形"□"后,再选择如图 8-10(b)所示的圆角半径。用鼠标把尺寸拖到如图所示的位置,然后单击确定,完成半径的标注。

步骤 3：单击"标注"工具栏上"直径标注"按钮 ⊘。

步骤 4：在光标变成选择对象时的方框形"□"后,再选择如图 8-10(b)所示的圆。用鼠标把尺寸拖到如图所示的位置,然后单击确定,完成直径的标注。

步骤 5：单击"标注"工具栏上"折弯标注"按钮 。

步骤 6：在光标变成选择对象时的方框形"□"后,再选择如图 8-10(b)所示的 R200 圆弧。鼠标选择中心位置,即折弯标注的尺寸线起点。用鼠标把尺寸拖到如图所示的位置,然后单击确定,完成折弯标注。

知识点拨

❖ **标注基线尺寸**

基线标注与连续标注的实质是线性标注、坐标标注、角度标注的延续,在某些特殊情况中,比如一系列尺寸是同一个基准面引出的或是首尾相接的一系列连续尺寸,AutoCAD 中提供了专门的标注工具以提高标注的效率。对于同一个基准面引出的一系列尺寸,可以使用基线标注。执行标注基线功能主要有以下几种。

（1）单击"默认"选择卡下"注释"面板中的"基线标注"按钮 ⊟。

（2）选择菜单栏中的"标注"→"基线"命令。

（3）单击"标注"工具栏中的"基线标注"按钮 ⊟。

（4）在命令行中用键盘输入 DIMBASELINE。

上述任一种命令都能执行基线标注。

 **新手学步**

在图 8-11(a)中,通过基线标注命令完成图 8-11(b)所示的尺寸标注。

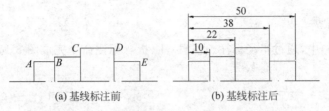

(a) 基线标注前　　　　　　　(b) 基线标注后

图 8-11　基线标注

步骤 1：单击"标注"工具栏中的"基线标注"按钮 。

步骤 2：用鼠标指定第一个尺寸界线原点：A 点,然后指定第二个尺寸界线原点：B 点,完成线性尺寸 10 的标注。

步骤 3：单击"标注"工具栏中的"基线标注"按钮 。

步骤 4：用鼠标依次指定 C、D、E 点作为后续的尺寸界线原点,完成的效果如图 8-11(b)所示。

命令行文本参考：

```
命令：_ DIMBASELINE
指定第二条尺寸界线原点或[放弃(U)/选择(S)]<选择>：
                          // 拾取图 8-10 中的 C 点,准面是这个线性标注选择的第一个标注点.
标注文字 = 22
指定第二条尺寸界线原点或[放弃(U)/选择(S)]<选择>：     // 拾取图 8-10 中的 D 点
标注文字 = 38
指定第二条尺寸界线原点或[放弃(U)/选择(S)]<选择>：     // 拾取图 8-10 中的 E 点
标注文字 = 50
指定第二条尺寸界线原点或[放弃(U)/选择(S)]<选择>：     // 直接按 Enter 键
选择基准标注：                                     // 直接按 Enter 键结束命令
```

 知识点拨

❖ **标注连续尺寸**

执行标注基线功能主要有以下几种。

(1) 单击"默认"选择卡下"注释"面板中"连续标注"按钮 。

(2) 选择菜单栏中的"标注"→"连续"命令。

(3) 单击"标注"工具栏中的"连续标注"按钮 。

(4) 在命令行中用键盘输入 DIMCONTINUE。

上述任一种命令都能执行基线标注。

 **新手学步**

在图 8-12(a)中,通过连续标注命令完成图 8-12(b)所示的尺寸标注。

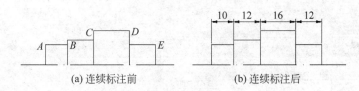

图 8-12 连续标注

步骤 1：单击"标注"工具栏中的"标注样式"按钮。

步骤 2：用鼠标指定第一个尺寸界线原点：A 点，然后指定第二个尺寸界线原点：B 点，完成线性尺寸 10 的标注。

步骤 3：单击"标注"工具栏中的"基线标注"按钮。

步骤 4：然后用鼠标依次指定 C、D、E 点作为后续的尺寸界线原点，完成的效果如图 8-12(b)所示。

任务三 标注多重引线

❖ 设置多重引线

在机械制图过程中，通常需要借助引线来实现一些注释性文字或装配图中零件序号的标注。引线对象通常包含箭头、可选的水平基线、引线或曲线、多行文字对象或块。引线可以是直线段，也可以是平滑的样条曲线。设置多重引线有以下几种方式。

(1) 单击"注释"选择卡下"引线"面板中"多重引线样式"按钮。

(2) 选择菜单栏中的"标注"→"多重引线样式"命令。

(3) 单击"多重引线"工具栏中的"多重引线样式"按钮。

(4) 在命令行中用键盘输入 MLEADERSTYLE。

上述任一种命令都能执行多重引线样式。

在"多重标注样式"中的修改，箭头符号为"点"，多重引线类型为"块"，圆块选项为"圆"，创建如图 8-13 中所示的引线标注。

步骤 1：单击"多重引线"工具栏中的"多重引线样式"按钮，打开"多重引线样式管理器"界面，如图 8-14 所示。

图 8-13 引线标注

步骤 2：在"多重引线样式管理器"对话框右侧的单击 新建(N)... 按钮，打开"创建新多重引线样式"对话框，如图 8-15 所示。在"新样式名"文本框中输入新建的样式名称"机械"，然后单击对话框右侧的 继续 按钮，弹出"修改多重引线样式"对话框，如图 8-16 所示。

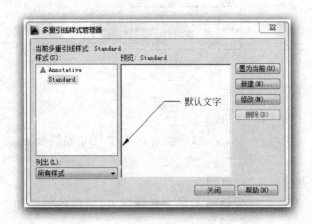

图 8-14　"多重引线样式管理器"界面　　　　　　图 8-15　"创建新多重引线
样式"对话框

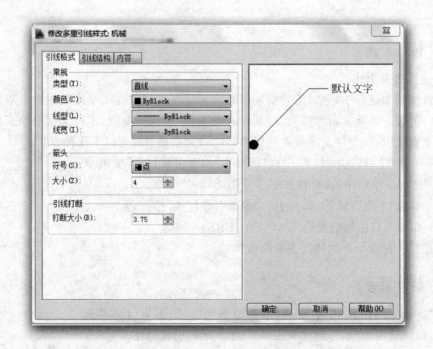

图 8-16　"修改多重引线样式"对话框

步骤 3：打开"引线格式"选项卡，在"符号"选项栏中选中"点"选项。

步骤 4：打开"内容"选项卡，在"多重引线类型"选项栏中选中"块"类型，再在"圆块"选项中选择"圆"选项。

创建多重引线标注

创建多重引线有以下几种方式。

(1) 单击"默认"选择卡下"注释"面板中"多重引线标注"按钮 。

(2) 选择菜单栏中的"标注"→"多重引线"命令。

(3) 单击"多重引线"工具栏中"多重引线标注"按钮 。

(4) 在命令行中用键盘输入 MLEADER。

上述任一种命令都能执行多重引线标注。

通过多重引线标注命令,完成图 8-17 所示的引线标注。

步骤1:单击"多重引线"工具栏中"多重引线标注"按钮 。

步骤2:用鼠标指定螺栓零件上,单击确定。

步骤3:然后拖动鼠标把引线符号放置合适的位置,再右击确定,打开的"属性编辑"框中,在"输入标记编号"输入框内输入 1,最后单击"确定"按钮完成 1 号零件的标注。

步骤4:重复上述步骤标注 2 号、3 号、4 号和 5 号零件。

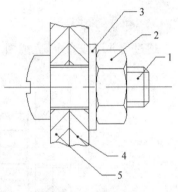

图 8-17　引线标注

编辑多重引线标注

在"注释"选项卡的"多重引线"面板和"多重引线"工具栏中提供了"添加引线""删除引线""对齐引线"和"合并多重引线"4 种编辑工具。

(1) 添加引线:将一个或多个引线加至选定的多重引线对象。

(2) 删除引线:从选定的多重引线对象中删除引线。

(3) 对齐引线:将各个多重引线对齐。

(4) 合并多重引线:将内容为块的多重引线对象合并到一个基线。

通过对齐引线命令,完成图 8-18 所示的引线编辑。

步骤1:单击"多重引线"工具栏中"对齐引线标注"按钮 。

步骤2:选择要对齐的引线标注,用鼠标选中 1、2、3、4 和 5 号,然后右击确定。

步骤3:用鼠标选中 1 号标注号为基准标注,然后右击确定,完成效果如图 8-18(b)所示。

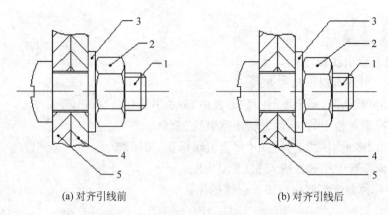

(a) 对齐引线前   (b) 对齐引线后

图 8-18   对齐引线

通过合并引线命令,完成图 8-19(b)所示的引线编辑。

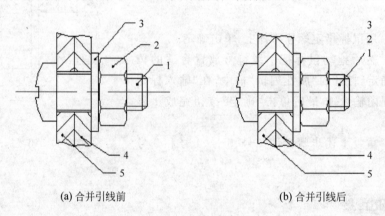

(a) 合并引线前   (b) 合并引线后

图 8-19   合并引线

步骤 1:单击"多重引线"工具栏中"合并引线标注"按钮/8 。

步骤 2:选择要对齐的引线标注,用鼠标依次选中 3、2 和 1 号,然后右击确定,其中最后选中的标注号为基准标注号。

步骤 3:拖动鼠标放置合适的位置,单击确定,完成效果如图 8-19(b)所示。

任务四   编辑标注对象

❖ **编辑标注**

编辑标注功能主要有以下几种打开方式。

（1）单击"标注"工具栏的"编辑标注"按钮 。

（2）在命令行中用键盘输入 DIMEDIT。

（3）双击尺寸。

上述任何一种都可以执行编辑标注命令行。

新手学步

在图 8-20(a)中存在标注不规范，通过编辑尺寸标注的方法完成图 8-20(b)所示的正确标注。

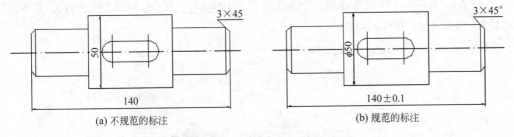

(a) 不规范的标注　　　　　　　　　　　(b) 规范的标注

图 8-20　编辑尺寸标注

步骤 1：双击尺寸"140"，打开尺寸文字格式编辑器，如图 8-21 所示。

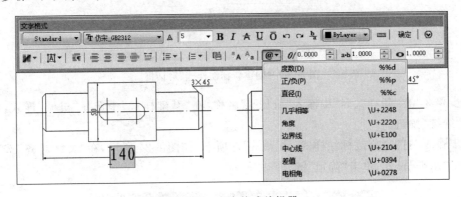

图 8-21　文字格式编辑器

步骤 2：在长度尺寸"140"后面输入控制符％％p0.1，按 Enter 键完成尺寸标注。

步骤 3：双击尺寸"50"，打开尺寸文字格式编辑器。

步骤 4：在直径尺寸"50"前面输入控制符％％c，按 Enter 键完成尺寸标注。

步骤 5：双击尺寸"3×45"，打开尺寸文字格式编辑器。

步骤 6：在倒角尺寸"3×45°"后面输入控制符％％d，按 Enter 键完成尺寸标注，完成后效果如图 8-20(b)所示。

新手学步

在图 8-22(a)中，通过更改之前创建的"机械"标注样式来创建新的标注样式。

步骤 1：先打开前面"创建标注样式"项目，单击"标注"工具栏上"标注样式"

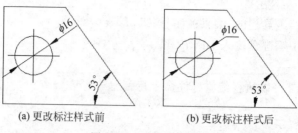

(a) 更改标注样式前 　　　　　　 (b) 更改标注样式后

图 8-22　更改标注样式

按钮 ◢ 。

步骤 2：在"标注样式管理器"对话框右侧的 新建(N)... 按钮，打开"创建新标注样式"对话框，如图 8-23 所示。

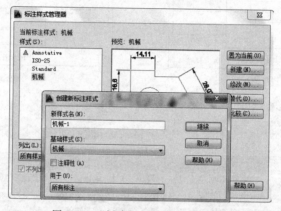

图 8-23　"创建新标注样式"对话框

步骤 3：在"新样式名"中输入"机械-1"名称，在"基础样式"中选择"机械"样式，然后单击"继续"按钮。

步骤 4：打开"修改标注样式：机械-1"选项卡，如图 8-24 所示，在"文字对齐"选项栏中选中"水平"模式，单击"确定"键。

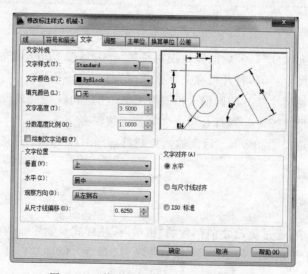

图 8-24　"修改标注样式：机械-1"选项卡

步骤5：在"标注样式管理器"中单击"关闭"按钮，如图8-25所示。

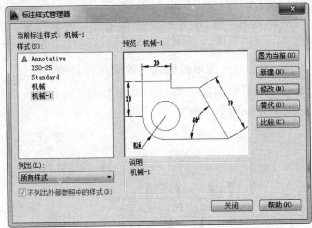

图8-25　"标注样式管理器"选项卡

步骤6：在图8-22(a)中选中直径尺寸"φ16"，然后右击，在打开的选项栏中选择"标注样式"，选中"机械-1"标注样式，如图8-26所示。

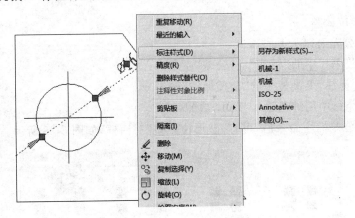

图8-26　"标注样式"快捷菜单

步骤7：相同方法在图8-22(a)中选中角度尺寸"53°"，然后右击，在打开的选项栏中选择"标注样式"，选中"机械-1"标注样式。完成效果如图8-22(b)所示。

任务五　创建公差标注

 知识点拨

❖ 形位公差的组成和类型

通过特征控制框来添加形位公差，这些框中包含单个标注的所有公差信息。特征控

制框至少由两个组件组成,它按以下顺序从左往右填写:第一个特征控制框为一个几何特征符号,表示应用公差的几何特征,例如,位置、轮廓、形状、方向或跳动,形状公差可以控制直线度、平面度、圆度和圆柱度,在图 8-27 中特征符号表示位置;第二个特征控制框为公差值及相关符号。

公差值使用线性值,如公差是圆形或圆柱形的则在公差值前加注 ϕ,如是球形的则加注 $S\phi$;第三个及以后多个特征控制框为基准参照,由参考字母和包容条件组成。如图 8-27 所示的形位公差共标注了 3 个基准参照。

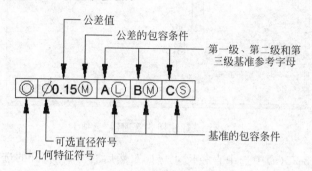

图 8-27　特征控制框

❖ **标注形位公差**

执行形位公差有以下几种方式。

(1) 选择菜单栏中的"标注"→"公差"命令。

(2) 单击"标注"工具栏中的"公差标注"按钮 ⊞。

(3) 在命令行中用键盘输入 TOLERANCE。

执行形位公差标注命令后,可打开"形位公差"对话框,如图 8-28 所示。

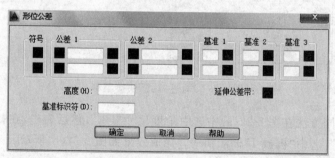

图 8-28　"形位公差"对话框

通过"形位公差"对话框,可添加特征控制框里的各个符号及公差值等,含义如下。

(1) "符号"区域:单击"■"框,将弹出"特征符号"对话框,如图 8-29 所示。选择表示位置、方向、形状、轮廓和跳动的特征符号。再次单击"■"框,表示清空已填入的符号。

(2) "公差1"和"公差2"区域:每个"公差"区域包含 3 个

图 8-29　"特征符号"对话框

框。第一个为"■"框，单击插入直径符号；第二个为文本框，可在框中输入公差值；第三个框也是"■"框，单击后弹出"附加"对话框如图 8-30 所示，用来插入公差的包容条件。

（3）"基准1""基准2"和"基准3"区域：这3个区域用来添加基准参考照，3个区域分别对应第一级、第二级和第三级基准代号。每个区域包含一个文本框和一个"■"框。在文本框中输入形位公差的基准代号，单击"■"框，弹出如图 8-30 所示的"附加符号"对话框，选择包容条件的表示符号。

图 8-30 "附加符号"对话框

（4）"高度"文本框：输入特征控制框中的投影公差零值。

（5）"基准标识符"文本框：输入由参照字母组成的基准标识符。基准是理论上精确的几何参照，用于建立其他特征的位置和公差带。点、直线、平面、圆柱或其他几何图形都能作为基准，在该框中输入字每。

（6）"延伸公差带"选项：在延伸公差带值的后面插入延伸公差符号。

❖ **标注尺寸公差**

在标注样式创建时可以为每一个尺寸都附加上尺寸公差，但公差并非每一个尺寸都需要，一般使用标注代替的方法为即将标注的尺寸设置公差，标注以后再选择回到根标注。也可以通过"特性"选项板来修改已有标注的公差。另外的方法就是为公差标注专门设置标注样式，需要时直接从"标注"下拉列表中选择。

执行标注尺寸公差有以下几种方式。

（1）在"标注样式管理器"对话框中修改或替代标注样式，在"修改标注样式"或"替代当前样式"对话框的"公差"选项卡中进行修改。

（2）为公差标注专门设置标注样式，需要时直接从"标注"下拉列表中区选取。

（3）利用对象特性管理器编辑尺寸公差标注。

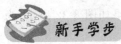

在图 8-31 中，用编辑特性的方法完成 $\phi22$ 尺寸的极限偏差；通过设置专门的公差标注样式来标注 $\phi28$ 的极限偏差；完成 $\phi44$ 尺寸的形位公差，如图 8-32 所示。

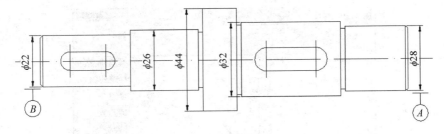

图 8-31 编辑特性前

步骤1：用编辑属性方式添加 $\phi22$ 的极限偏差，在完成的线性标注 22 上双击，弹出"特性"选项板，在"公差"选型组的"显示公差"下拉列表中选择"极限偏差"选项，在"公差精度"下拉列表中选择 0.000，在"公差上偏差"数值框中输入 -0.012，在"公差下偏差"数

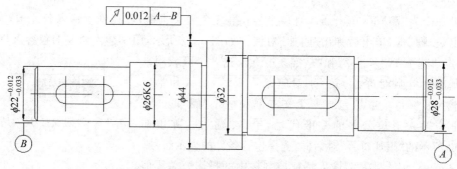

图 8-32　编辑特性后

换算公差消去零英寸	是
公差对齐	运算符
显示公差	极限偏差
公差下偏差	0.0330
公差上偏差	-0.0120
水平放置公差	中
公差精度	0.000
公差消去前导零	否
公差消去后续零	否
公差消去零英尺	是
公差消去零英寸	是
公差文字高度	0.7000
换算公差精度	0.00
换算公差消去前导零	否
换算公差消去后续零	否
换算公差消去零英尺	是

图 8-33　"公差精度"下拉列表

值框中输入 0.033,将"公差文字高度"设置为 0.7,如图 8-33 所示。

　　步骤 2:关闭"特性"选项板,按 Esc 键取消标注对象的选择,结果如图 8-32 所示,为线性标注添加了尺寸公差。

　　步骤 3:通过设置专门的公差标注样式来标注 $\phi22$ 的极限偏差,单击"默认"选项卡下"注释"面板中"标注样式"按钮 ,打开"标注样式管理器"对话框,如图 8-34 所示。

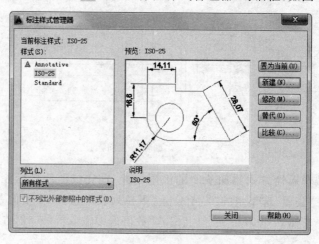

图 8-34　"标注样式管理器"对话框

步骤4：单击 新建(N)... 按钮，系统弹出如图8-35所示的"创建新标注样式"对话框。

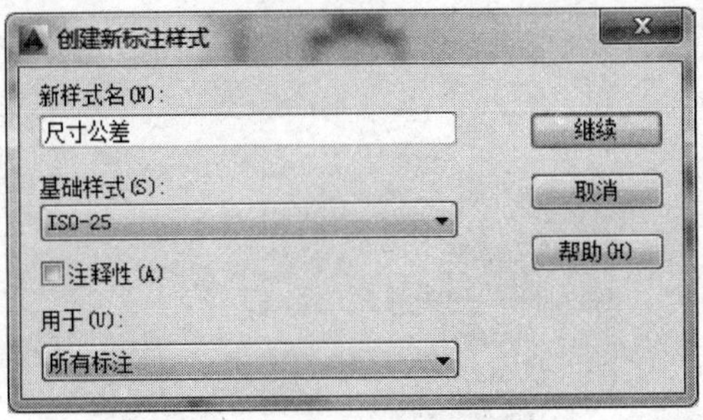

图8-35 "创建新标注样式"对话框

步骤5：单击 继续 按钮，系统弹出"新建标注样式：尺寸公差"对话框，单击"公差"标签。切换到如图8-36所示的"尺寸公差"选项卡。

步骤6：选择"公差格式"选项组→"方式"下拉列表框→"极限偏差"选项，在"精度"下拉列表框中选择0.000选项，在"上偏差"文本框中输入−0.012，在"下偏差"文本框中输入0.033，在"高度比例"文本框中输入0.7，在"垂直位置"下拉列表框中选择"中"选项。

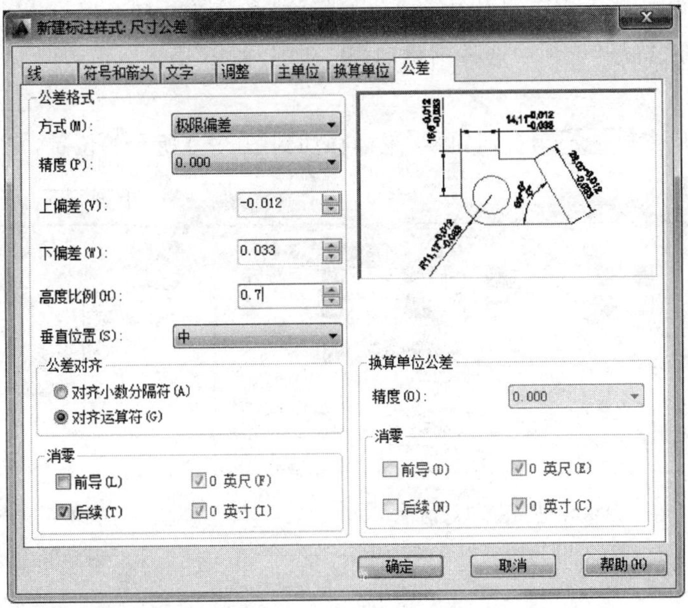

图8-36 "尺寸公差"选项卡

步骤7：单击 确定 按钮，返回"标注样式管理器"对话框，完成尺寸公差样式的创建。

步骤8：单击 关闭 按钮，完成标注样式的设置。

步骤9：用鼠标在完成的线性标注22上右击，选择"标注样式"→"尺寸公差"选项，如图8-37所示。

步骤10：标注直径尺寸 φ44 的形位公差，单击"注释"面板中的"多重引线"按钮 ，标注指引线如图 8-38 所示。

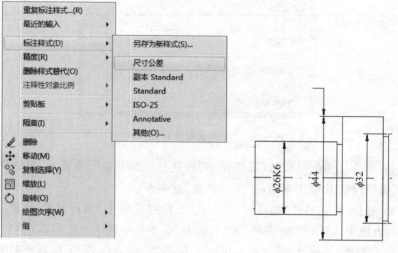

图 8-37 "标注样式"快捷菜单   图 8-38 标注指引线

步骤11：单击"标注"工具栏中的"公差标注"按钮 ，打开"形位公差"对话框，如图 8-39 所示，在"符号"选项中选择圆跳动 ，在"公差 1"中输入 0.012，在基准 1 中输入 A—B。

步骤12：单击 确定 按钮，再将鼠标移动到图 8-40 所示的位置，完成所有标注。

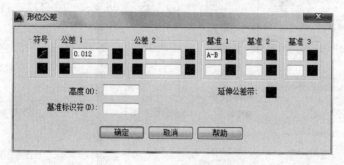

图 8-39 "形位公差"对话框

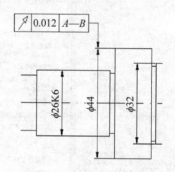

图 8-40 完成标注后图形

任务六 创建文字说明

 知识点拨

❖ **设置文字样式**

设置文字样式主要有以下几种打开方式。

（1）单击"注释"选项卡下"标注"面板中"文字样式"按钮 。

（2）选择菜单栏中的"格式"→"文字样式"命令。

（3）单击"文字"工具栏中"文字样式"按钮 。

（4）在命令行中用键盘输入 STYLE。

上述方式中的任何一种都可以打开设置文字样式。

新手学步

通过对文字样式的编辑，完成图 8-41 所示的文字格式，字体名为长仿宋 GB2312，字体高为 3.5，宽度因子比为 0.7。

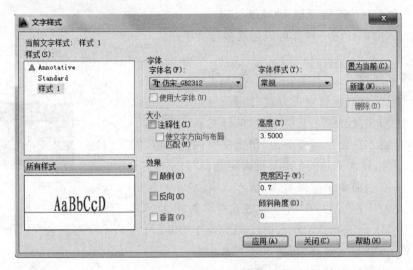

图 8-41 "文字样式"对话框

步骤 1：单击"文字"工具栏中"文字样式"按钮 。

步骤 2：单击"文字样式"对话框右侧的 新建(N)... 按钮，打开"新建文字样式"对话框，如图 8-42 所示。在"样式名"文本框中输入新建的样式名称，然后单击对话框右侧的 确定 按钮，弹出"文字样式"对话框。

图 8-42 "新建文字样式"对话框

步骤 3：设置"文字样式"对话框，在"字体名"下拉菜单中选择  字体，表示所选字体是仿宋型；在"高度"调整框中输入 3.5，表示所设的字体高度为 3.5mm；在"宽度因子"调整框中输入 0.7，表示所设字体的宽高之比为 0.7，其余参数默认。

步骤 4：在调整好以上基本的设置后，单击"应用"按钮，完成文字样式的创建。

步骤 5：在完成新建标注样式以后，在"文字样式管理器"对话框左侧选择刚创建的"样式 1"，单击右侧的 置为当前(U) 按钮，可将该样式置为当前。

 知识点拨

❖ **创建单行文字**

对于不需要多种字体或多线的简短项,可以创建单行文字。虽然名称为单行文字,但是在创建过程中仍然可以用 Enter 键来换行。"单行"的含义是每行文字都是独立的对象,可以进行重定位、调整式或进行其他修改。创建单行文字样式主要有以下几种打开方式。

(1) 单击"默认"选项卡下"注释"面板中"单行文字"按钮 **AI** 。

(2) 单击"绘图"工具栏中的"单行文字"按钮 **AI** 。

(3) 在命令行中用键盘输入 MTEXT。

上述方式中的任何一种都可以创建多行文字样。

 新手学步

创建单行文字时设置对正方式,如图 8-43 所示。

步骤 1:单击"绘图"工具栏中的"单行文字"按钮 **AI** 。

步骤 2:在当前命令行提示为"指定文字的起点或[对正(J)/样式(S)]:"时,输入 J 并按 Enter 键确定选择"对正(J)"选项。

步骤 3:在当前命令行提示为"输入选项[左(L)/居中(C)/右(R)/对齐(A)/中间(M)/布满(F)/左上(TL)/中上(TC)/右上(TR)/左上(ML)/正中(MC)/右中(MR)/左下(BL)/中下(BC)/右下(BR)]:"时,输入MC 并按 Enter 键确定选择"正中(MC)"选项。

图 8-43 单行文字

步骤 4:用鼠标指定文字的中间点。

步骤 5:在当前命令行提示为"指定文字高度<0.000>"时,输入 3.5,并按 Enter 键确定。

步骤 6:在当前命令行提示为"指定文字的旋转角度<0>"时,输入 0,并按 Enter 键确定。

步骤 7:在指定的文本框中输入"光标",并按 Enter 键确定。

 知识点拨

❖ **创建多行文字**

对于较长、较为复杂的内容,可以创建多行文字。多行文字是由任意数目的文字行或段落组成的,布满指定的宽度,还可以沿垂直方向无限延伸。与单行文字不同的是,无论行数是多少,一个编辑任务中创建的每个段落集都是单个对象。用户可对其进行移动、旋转、删除、复制等操作。创建多行文字样式主要有以下几种打开方式。

(1) 单击"默认"选项卡下"注释"面板中"多行文字"按钮 **A** 。

(2) 选择菜单栏中"绘画"→"文字"命令。

(3) 单击"绘图"工具栏中的"多行文字"按钮 **A** 。

（4）在命令行中用键盘输入 MTEXT。

上述方式中的任何一种都可以创建多行文字样式。

 **新手学步**

通过创建多行文字方法，完成图 8-44 所示的技术要求内容书写。

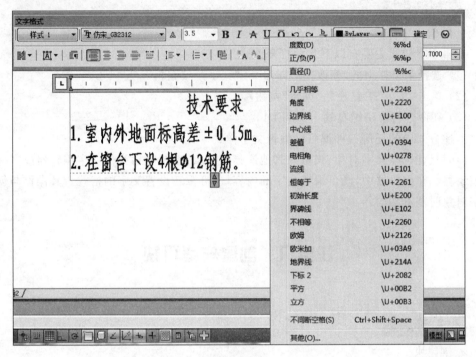

图 8-44　多行文字的技术要求内容

步骤 1：单击"绘图"工具栏中"多行文字"按钮 **A**。

步骤 2：在所需文字标注处指定单行文字对象的起点或者选择中括号内的选项。

步骤 3：根据两个对角点确定多行文字对象，此时将显示多行文字编辑器，如图 8-45 所示。

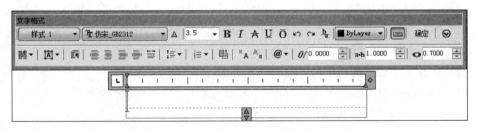

图 8-45　多行文字编辑器

步骤 4：修改"文字格式"中的设置，在左侧选择前面所创建的"样式 1"选项。

步骤 5：在文本框中输入技术要求所要填的内容，单击"确定"按钮，完成技术要求的书写。

任务七 编辑文字说明

 知识点拨

❖ **编辑文字样式**

编辑文字样式主要有以下几种打开方式。

（1）选择菜单栏中的"修改"→"对象"→"文字"→"编辑"。

（2）单击"文字"工具栏的"编辑"按钮 。

（3）在命令行中用键盘输入 DDEDIT。

上述方式中的任何一种都可以编辑文字样式。

此时只能选择文字对象、表格或其他注释性对象，系统随后弹出文字编辑器或多行文字编辑器。在编辑器中，既可编辑文字的内容，也可重新设置文字的格式。其操作与创建文字对象时基本相同。

任务八 创建与插入块

 知识点拨

❖ **创建块**

使用块可以提高绘图效率，当在图形的不同位置绘制相同的对象时，先将该对象定义为块，然后再在需要的位置处插入所定义的块即可。这样只要保存一次图形信息，即可重复使用，大大提高了绘图效率，节约了空间资源。

在 AutoCAD 2014 只能将已经绘制好的对象创建为块。每个块定义包括块名、一个或多个对象、插入块的基点坐标值和所有相关的属性数据。创建块主要有以下几种打开方式。

（1）单击"默认"选项卡下"块"面板中"创建块"按钮 。

（2）选择菜单栏中"绘图"→"块"命令。

（3）单击"绘图"工具栏中的"创建块"按钮 。

（4）在命令行中用键盘输入 BLOCK。

上述方式中的任何一种都可以创建块属性。

 新手学步

先绘制如图 8-46 所示的表面粗糙度图形，再通过创建块命令，完成表面粗糙度块的创建。

图 8-46 表面粗糙度为 3.2 的图形

步骤1：单击"绘图"工具栏中的"创建块"按钮 ⟁，此时会弹出"块定义"对话框，在"名称"文本框中输入"表面粗糙度"作为块名，如图8-47所示。

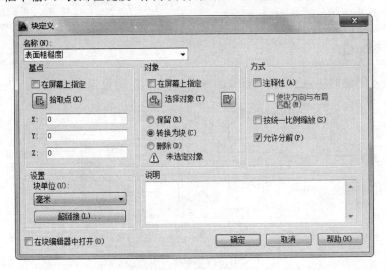

图8-47　"块定义"对话框

步骤2：单击"基点"选项组中的"拾取点"按钮，此时会提示拾取一个坐标点作为这个块的基点(也就是块的插入点)，单击拾取三角形的下顶点作为基点，如图8-48所示。

步骤3：单击"对象"选项组中的"选择对象"按钮，此时会提示选取组成块的图形对象，这时使用窗口选择模式全部表面粗糙度图形对象，如图8-49所示，选择完成对象后按Enter键回到"块定义"对话框。

步骤4：确保在"对象"选项组中选择"转换为块"单选按钮，注意此处"注释性"复选框不用勾选，因为对于图形块来说，是需要在不同出图比例中进行缩放的，而符号块才需要增加注释特性。单击"确定"按钮，完成块的定义。此时单击刚刚定义的块或者将光标移到块图形上，就会发现原本零散的图形对象变成一个整体，如图8-50所示。

图8-48　拾取基点

图8-49　窗口选择模式

图8-50　转换为块

❖ 插入块

在创建块后，就可以使用"插入块"命令将创建的块插入多个位置，达到重复绘图的目的。插入块主要有以下几种打开方式。

(1) 单击"默认"选项卡下"块"面板中"插入块"按钮 ⟁ 。

(2) 选择菜单栏中"插入"→"块"命令。

（3）单击"绘图"工具栏中"插入块"按钮  。

（4）在命令行中用键盘输入 INSERT。

上述方式中的任何一种都可以插入块。

新手学步

通过刚才创建的块，把粗糙度符号插入图 8-51 所示的位置。

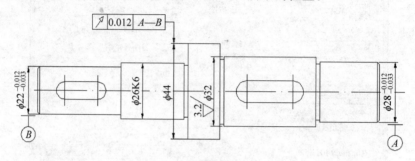

图 8-51 将粗糙度符号插入

步骤 1：单击"绘图"工具栏中的"插入块"按钮 ，在"名称"选项中选择"表面粗糙度"选项。

步骤 2：单击"确定"按钮，然后通过旋转角度调整粗糙度符号的方位。

命令行文本参考：

```
INSERT 指定插入点或[基点(B)比例(S)X Y Z 旋转(R)]：R        //选择"旋转"模式
INSERT 指定旋转角度<0>：90                              //旋转 90°角度
```

步骤 3：用鼠标移动到图 8-51 所示的位置，单击确定，完成效果如图 8-51 所示。

项目九

绘制机械类零件图

知识要点

- ❖ 绘制轴类零件；
- ❖ 绘制盘类零件；
- ❖ 绘制叉架类零件；
- ❖ 绘制图框和标题栏。

任务一　绘制阶梯轴

绘制图 9-1 所示的轴类零件图，按照图示尺寸 1：1 绘制，要求标注尺寸。

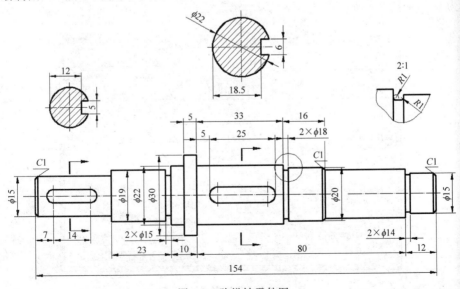

图 9-1　阶梯轴零件图

❖ **视图分析**

图 9-1 阶梯轴零件图共有四个视图：一个主视图、两个移出断面图和一个局部放大图。此阶梯轴零件比较简单，以中心线为设计基准，上下对称，主视图按工作位置和加工位置放置。轴由若干段直径不同的圆柱体组成，轴上有键槽、砂轮越程槽等结构。

❖ **绘图要点**

根据图 9-1 所示轴零件的图形特点，选择"偏移"工具和"修剪"工具绘制轴类零件主视图的各轴段，绘制退刀槽、键槽，再倒角，完成主视图绘制。

步骤 1：启动 AutoCAD 2014。

步骤 2：根据图样的尺寸，将绘图界限设置为 200×100。

步骤 3：打开对象捕捉、极轴追踪及自动追踪功能，设定自动捕捉类型为"端点""圆心"及"交点"。

步骤 4：分别建立轮廓线层、中心线层、剖面线层和标注层，设置轮廓线层为当前层，如图 9-2 所示。

状	名称	开	冻结	锁	颜色	线型	线宽
✍	0	♀	☼	☐	■白	Continuous	—— 默认
✍	尺寸标注	♀	☼	☐	■洋...	Continuous	—— 默认
✓	轮廓线	♀	☼	☐	■白	Continuous	━━ 0.30 毫米
✍	剖面线	♀	☼	☐	☐青	Continuous	—— 默认
✍	中心线	♀	☼	☐	■红	ACAD_ISO04W100	—— 默认

图 9-2　图层设置

步骤 5：选择菜单栏的"格式"→"线型"命令，在"线型管理器"对话框中设定全局比例因子为 0.2，如图 9-3 所示。

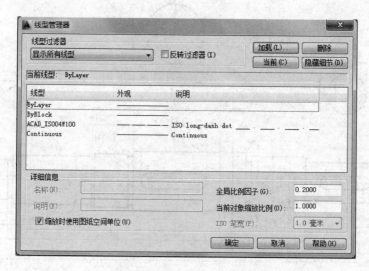

图 9-3　"线型管理器"对话框

步骤 6：在绘图区适当位置绘制对称轴线及左、右端面线，图形效果如图 9-4 所示。

图 9-4　绘制对称轴线及左右端面线

步骤 7：以左、右两端面线为作图基准线，选择"偏移""倒角"和"修剪"工具绘制轴类零件主视图的各轴段，绘制退刀槽、倒角，选择"镜像"工具将绘制一半的轴段镜像复制，绘制键槽，图形效果如图 9-5 所示。

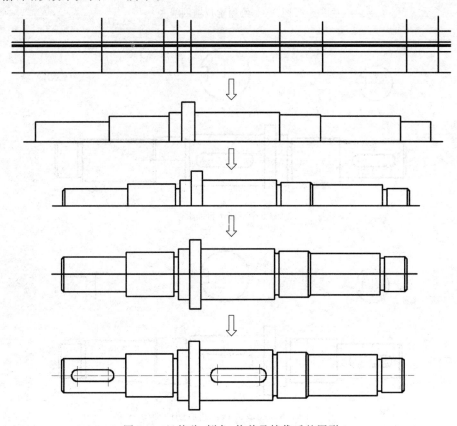

图 9-5　经偏移、倒角、修剪及镜像后的图形

步骤 8：绘制移出断面图。首先确定移出断面图的位置，再选择"直线"工具绘制定位辅助线，图形效果如图 9-6 所示。

步骤 9：以定位辅助线的交点为圆心绘制移出断面图，图形效果如图 9-7 所示。

步骤 10：把图 9-1 中需局部放大的图形复制到适当位置，利用"缩放"工具将复制后的图形放大两倍，修剪局部放大图的细节，图形效果如图 9-8 所示。

步骤 11：切换到剖面线层，填充剖面图案，图形效果如图 9-9 所示。

步骤 12：切换到尺寸标注层，标注尺寸，完成图形效果如图 9-10 所示。

步骤 13：保存文件。单击"保存"按钮 ![保存], 将文件保存为"阶梯轴.dwg"文件。

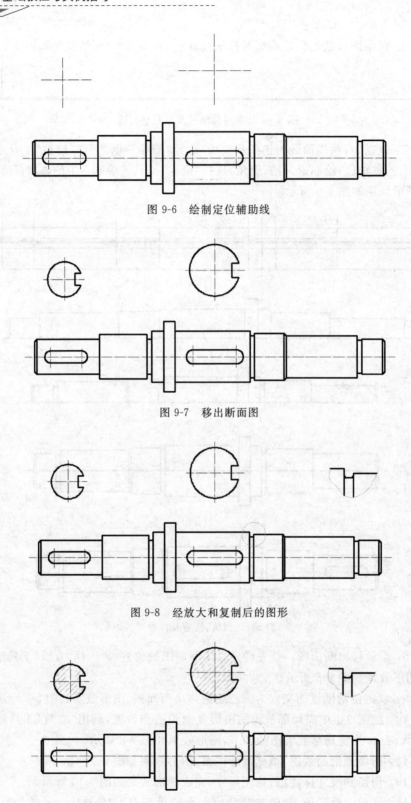

图 9-6　绘制定位辅助线

图 9-7　移出断面图

图 9-8　经放大和复制后的图形

图 9-9　填充后的剖面图案

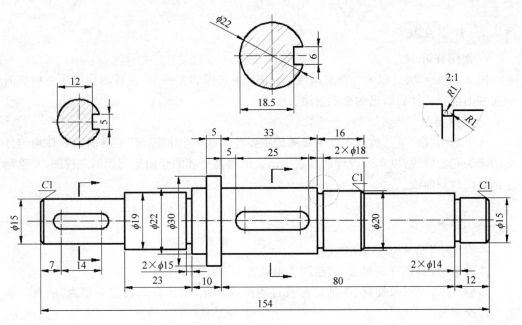

图 9-10 标注尺寸后图形

任务二 绘制法兰盘

完成如图 9-11 所示的法兰盘零件图,按照图示尺寸 1∶1 绘制,要求标注尺寸。

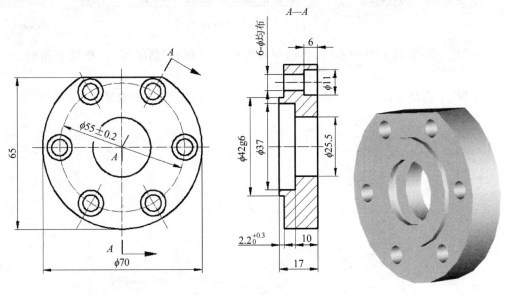

图 9-11 法兰盘零件图

 **知识点拨**

❖ **视图分析**

图 9-11 所示法兰盘零件图采用两个视图：主视图和左视图，左视图是用两个相交的剖切平面剖开零件后画出的全剖视图。

❖ **绘图要点**

可以利用"圆"工具确定零件主视图的主要轮廓线，利用"阵列"工具确定零件均匀分布的沉头孔轮廓线，以实现设计的参数驱动。依据高平齐的绘图原则绘制左视图，并绘制全剖视图的剖面线。

 **新手学步**

步骤 1：启动 AutoCAD 2014。

步骤 2：根据图样的尺寸，将绘图界限设置为 200×100。

步骤 3：打开对象捕捉、极轴追踪及自动追踪功能，设定自动捕捉类型为"端点""圆心"及"交点"。

步骤 4：分别创建"轮廓线""剖面线""中心线"和"尺寸标注"4 个新图层，选中"中心线"图层，单击 ✔ 按钮，将该图层设置为当前图层，如图 9-12 所示。设定全局线型比例因子为 0.2。

状	名称	开.	冻结	锁...	颜色	线型	线宽
✏	0	♀	☼	✿	■白	Continuous	—— 默认
✏	尺寸标注	♀	☼	✿	■洋...	Continuous	—— 默认
✔	轮廓线	♀	☼	✿	■白	Continuous	—— 0.30 毫米
✏	剖面线	♀	☼	✿	□青	Continuous	—— 默认
✏	中心线	♀	☼	✿	■红	ACAD_ISO04W100	—— 默认

图 9-12 图层的设置

步骤 5：先绘制水平中心线，再绘制竖直中心线和 60°斜直线，图形效果如图 9-13 所示。

步骤 6：绘制直径为 55 的圆，将斜线段在适当位置打断，图形效果如图 9-14 所示。

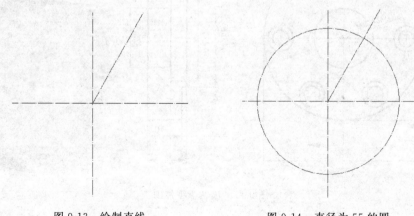

图 9-13 绘制直线   图 9-14 直径为 55 的圆

步骤 7：将"轮廓线"层设置为当前层，以中心线交点为圆心，分别绘制直径为 25.5 和 70 的圆；以斜点划线与直径为 55 的圆的交点为圆心，分别绘制直径为 11 和 7 的圆，图形效果如图 9-15 所示。

步骤 8：在"阵列"工具中选择"环形阵列"，选择"直径为 11 和 7 的圆、斜点划线"作为阵列对象，选择"两条中心线交点"为阵列中心，将法兰盘上的孔进行阵列，图形效果如图 9-16 所示。

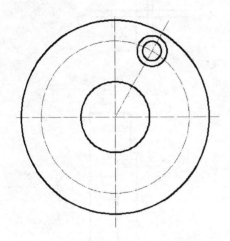

图 9-15　绘制直径为 11 和 7 的圆

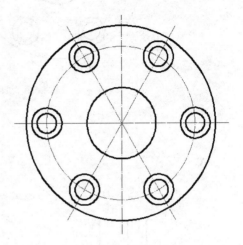

图 9-16　法兰盘上的孔进行阵列

步骤 9：选择"偏移"和"修剪"工具绘制完成主视图，图形效果如图 9-17 和图 9-18 所示。

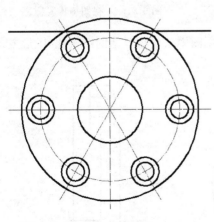

图 9-17　主视图一

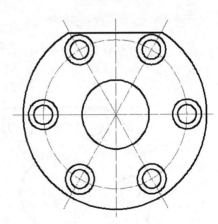

图 9-18　主视图二

步骤 10：利用高平齐投影规律，打开"对象追踪捕捉"，选择"直线"和"偏移"工具绘制左视图，如图 9-19 所示。

步骤 11：选择"直线"和"偏移"工具，绘制完成左视图的下半部分，如图 9-20 所示。

步骤 12：选择"镜像"工具将绘制一半的左视图镜像复制，图形效果如图 9-21 所示。

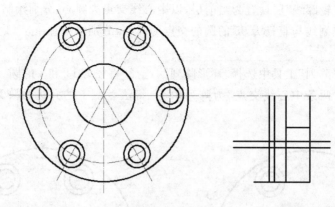

图 9-19　左视图

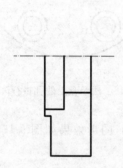

图 9-20　左视图的下半部分

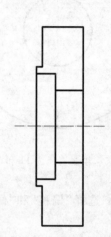

图 9-21　左视图镜像复制

步骤 13：选择"偏移"和"修剪"工具，完成左视图中法兰盘上部的沉头孔，图形效果如图 9-22 所示。

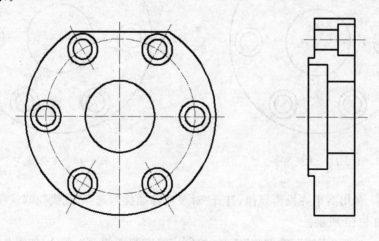

图 9-22　法兰盘上部的沉头孔

步骤14：将"剖面线"层设置为当前层，选择"图案填充"工具完成图案填充，图形效果如图9-23所示。

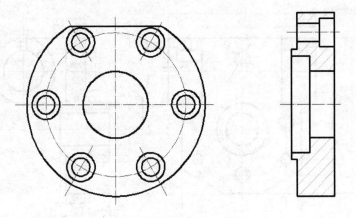

图9-23 法兰盘进行图案填充

步骤15：切换到尺寸标注层，标注尺寸，完成图形效果如图9-24所示。

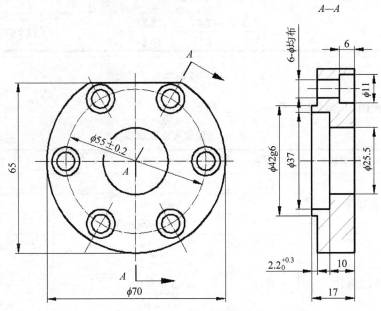

图9-24 法兰盘的最终图形

步骤16：保存文件。单击"保存"按钮 ▣，将文件保存为"法兰盘.dwg"文件。

任务三 绘制支架零件图

按要求完成如图9-25所示支架零件图，按照图示尺寸1∶1绘制，要求标注尺寸。具体要求如下。

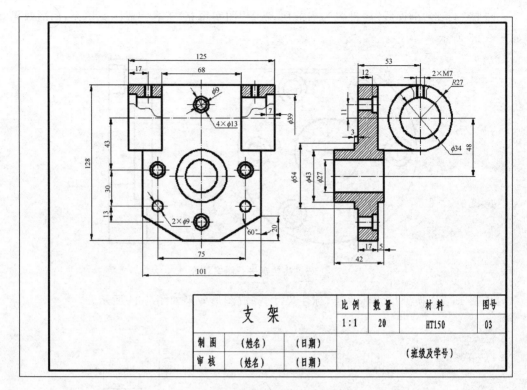

图 9-25 支架零件图

（1）设置图层、颜色、线型，如表 9-1 所示。

表 9-1 图层设置要求

序号	图层名称	颜色	线型	线宽
1	0	白色	Continuous	默认
2	轮廓线	白色	Continuous	0.30mm
3	中心线	红色	ACAD_ISO04W100	默认
4	细实线	绿色	Continuous	默认
5	剖面线	蓝色	Continuous	默认
6	尺寸标注	洋红	Continuous	默认
7	文本标注	青色	Continuous	默认

（2）A3 规格，幅面为 420×297，左周边空 25，其他周边空 5，带标题栏。标题栏尺寸及内容如图 9-25 和图 9-26 所示。

知识点拨

❖ 视图分析

图 9-25 所示支架零件图采用两个视图：主视图和左视图，主视图为左右对称图形，采用局部剖视。左视图在全剖视图的基础上做了局部剖视。

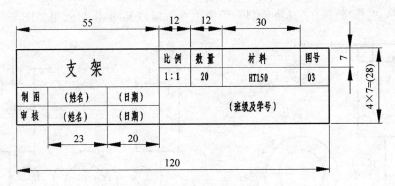

图 9-26 标题栏尺寸要求

❖ **绘图要点**

先确定零件主视图的主要基准线,绘制出一半图形,再利用主视图左右对称的特点进行镜像复制。根据高平齐的投影规律,绘制左视图。按要求进行图框和标题栏的绘制。

 新手学步

步骤 1:启动 AutoCAD 2014。

步骤 2:根据图样的尺寸,将绘图界限设置为 420×297。

步骤 3:根据图层设置的要求分别新建轮廓线层、细实线层、中心线层、剖面线层、尺寸标注层和文本标注层。

步骤 4:打开对象捕捉、极轴追踪及自动追踪功能,设定自动捕捉类型为"端点""圆心"及"交点"。

步骤 5:主视图布局。主视图为左右对称图形,所以只需画出一半图形,然后进行镜像即可。中心线 A、B 是主视图的主要作图基准线,首先用"直线"工具绘制定位线 A、B,然后偏移复制线段 A、B 以形成线段 C、D、E、F、G、H,图形效果如图 9-27 所示。

步骤 6:形成主视图细节。先绘制主视图中各个圆,图形效果如图 9-28 所示。再绘制左半部图形基本轮廓,图形效果如图 9-29 所示。

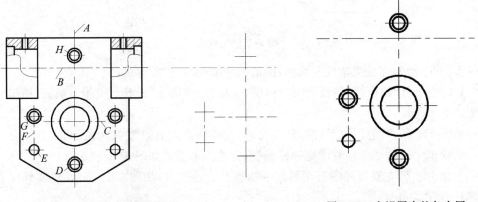

图 9-27 主视图   图 9-28 主视图中的各个圆

步骤7：选择"镜像"工具将绘制一半的主视图镜像复制，图形效果如图 9-30 所示。

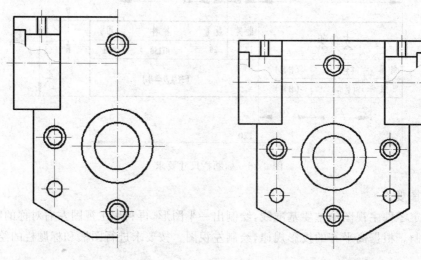

图 9-29　左半部图形基本轮廓　　　　　　　　图 9-30　主视图镜像复制

步骤8：利用高平齐投影规律，打开"对象追踪捕捉"，选择"直线"和"偏移"工具绘制左视图，如图 9-31 所示。

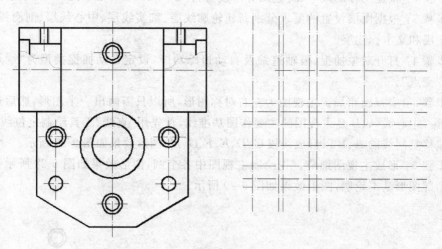

图 9-31　左视图

步骤9：绘制完成支架的左视图，图形效果如图 9-32 所示。

步骤10：将"剖面线"层设置为当前层，选择"图案填充"工具完成图案填充，图形效果如图 9-33 所示。

步骤11：切换到尺寸标注层，标注尺寸，完成图形效果如图 9-34 所示。

步骤12：按照要求绘制图框和标题栏，完成图形效果如图 9-35 所示。

步骤13：将支架零件图形在图框中调整至合适位置，如图 9-35 所示，将文件保存为"支架.dwg"文件。

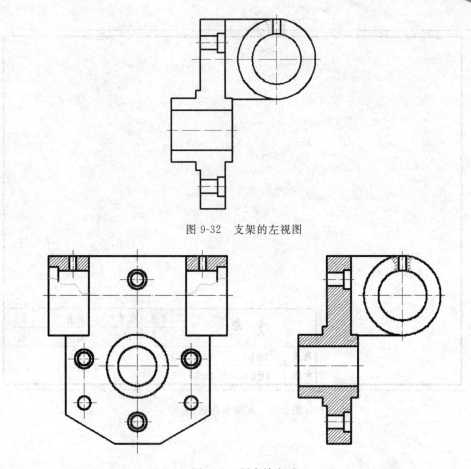

图 9-32 支架的左视图

图 9-33 图案填充后

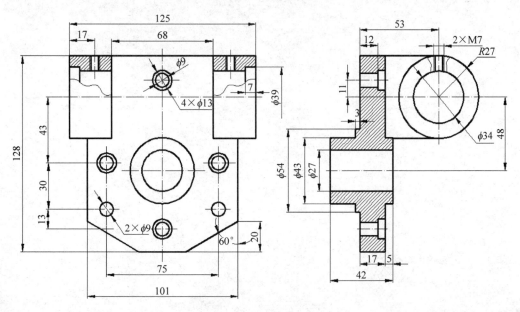

图 9-34 标注尺寸后

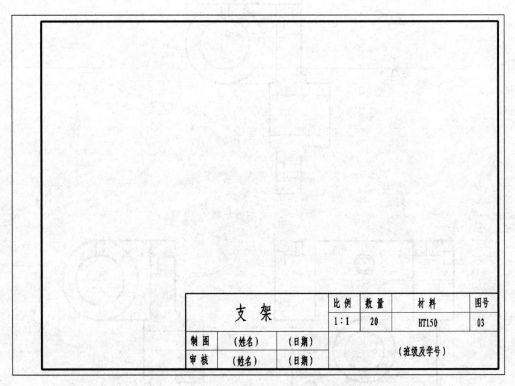

支 架			比 例	数 量	材 料	图号
			1:1	20	HT150	03
制 图	(姓名)	(日期)			(班级及学号)	
审 核	(姓名)	(日期)				

图 9-35   图框和标题栏

项目 **十**

绘制简单三维模型

 **知识要点**

- ❖ 三维工作界面；
- ❖ 观察三维图形；
- ❖ 绘制三维基本实体；
- ❖ 由二维对象创建三维实体；
- ❖ 布尔运算；
- ❖ 三维实体编辑。

任务一 三维工作界面

 **知识点拨**

在 AutoCAD 2014 中绘制三维实体，应熟悉三维工作界面，AutoCAD 2014 提供了两种三维工作界面：三维基础和三维建模。

❖ **三维基础工作界面**

切换三维基础工作界面有以下两种方式。

（1）可以通过单击工作界面右下角"切换工作空间"图标 ，在弹出的菜单中选择"三维基础"，就可以将工作界面切换为三维基础界面，如图 10-1 所示。

（2）在 AutoCAD 2014 工作界面左上角"工作空间"工具栏的窗口中选择"三维基础"选项，也可以将工作界面切换为三维基础界面，如图 10-2 所示。

图 10-1 "切换工作空间"菜单   图 10-2 "工作空间"工具栏

图 10-3 为 AutoCAD 2014 三维基础工作界面,与 AutoCAD 经典工作界面相比,三维基础工作界面中标题栏下方的工具栏以"浮动工具面板"的形式呈现。通过单击菜单栏最右边的 ▣▾ 按钮,可以将"浮动工具面板"最小化为"面板按钮""面板标题"和"选项卡"形式。

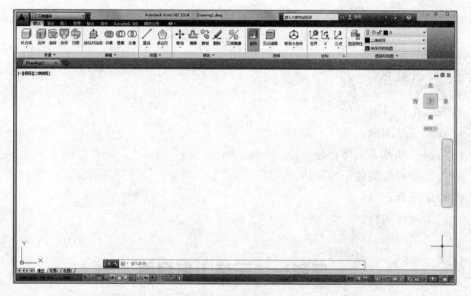

图 10-3 AutoCAD 2014 的三维基础工作界面

❖ 三维建模工作界面

切换三维建模工作界面与切换三维基础工作界面的方式相同,图 10-4 为 AutoCAD 2014 三维建模工作界面,与三维基础工作界面相比,三维建模工作界面中功能区的面板选项更加复杂。

❖ 三维坐标系

AutoCAD 2014 提供了两种形式三维坐标系:世界坐标系(WCS)的固定坐标系和用户坐标系(UCS)的可移动坐标系。

世界坐标系是 AutoCAD 2014 默认的坐标系,它是由 X、Y、Z 三个坐标轴组成。三维世界坐标系是在二维世界坐标系的基础上根据右手定则增加 Z 轴而形成的,同二维世界坐标系一样,三维世界坐标系是其他三维坐标系的基础不能对其重新定义。

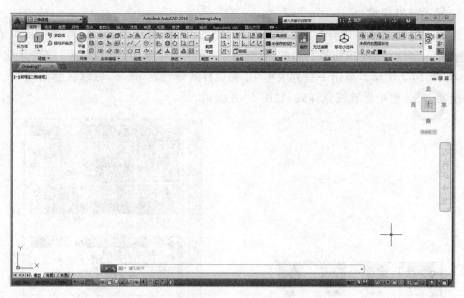

图 10-4　AutoCAD 2014 的三维建模工作界面

用户坐标系为坐标输入、操作平面和观察提供一种可变动的坐标系。定义一个用户坐标系即改变原点(0,0,0)的位置以及 XY 平面和 Z 轴的方向,可在 AutoCAD 2014 的三维工作界面中任何位置定位和定向 UCS,也可随时定义保存和复用多个用户坐标系。

❖ **显示三维视图**

在三维基础界面中,设置显示三维视图有两种方式。

(1) 单击绘图区左上方的"视图控件"【俯视】,在下拉列表中选择"西南等轴测"或者其他等轴测视图,如图 10-5 所示。

(2) 选择"浮动工具面板"中的"图层和视图"面板,单击"三维导航"【俯视】按钮最右边的▼按钮,在下拉列表框中选择"西南等轴测"或者其他等轴测视图,如图 10-6 所示。

图 10-5　"视图控件"快捷菜单　　　　图 10-6　"三维导航"下拉列表

❖ **显示三维视觉**

显示三维视觉可以选择"浮动工具面板"中的"图层和视图"面板，单击"三维导航"

【二维线框】按钮最右边的 ▼ 按钮，在下拉列表框中选择"真实"或者其他视觉
样式，如图 10-7 所示。单击下拉列表框中"视觉样式管理器"选项，可以在弹出的"视觉样式管理器"对话框中设置视觉样式，如图 10-8 所示。

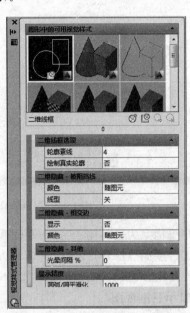

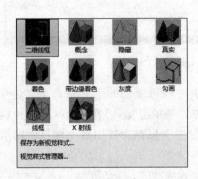

图 10-7 "三维导航"下拉列表框   图 10-8 "视觉样式管理器"对话框

任务二 绘制三维基本实体

 **知识点拨**

AutoCAD 2014 能生成长方体、圆柱体、圆锥体、球体、棱锥体、楔体、圆环体和多段体
等基本立体。选择"浮动工具面板"中的"创建"面板，单击 图标下方的 ▼ 按钮，在下拉列表框中选择需要创建的基本立体。表 10-1 列出了这些下拉列表框中按钮的功能及操作时要输入的主要参数。

表 10-1 创建基本立体的主要参数

基本立体类型	输 入 参 数
长方体	指定长方体的一个角点，再输入另一个对角点的相对坐标及高度
圆柱体	指定圆柱体底面的中心点，输入圆柱体半径及高度

续表

基本立体类型	输 入 参 数
圆锥体	指定圆锥体底面的中心点,输入锥体底面半径及锥体高度
球体	指定球心,输入球半径
棱锥体	指定棱锥体底面的中心点,输入底面半径及高度
楔体	指定楔形体的一个角点,再输入另一对角点的相对坐标
圆环体	指定圆环中心点,输入圆环体半径及圆管半径
多段体	指定多段体的起点,再输入下一个点,直到结束

 新手学步

绘制直径为 60mm,高为 100mm 的圆柱体。

步骤 1:单击工作界面右下角"切换工作空间"图标 ,在弹出的菜单中选择"三维基础",将工作界面切换为三维基础界面。

步骤 2:单击绘图区左上方的"视图控件" [俯视] ,在下拉列表中选择"西南等轴测"。

步骤 3:选择"浮动工具面板"中的"创建"面板,单击"长方体"图标下方的 ▼ 按钮,在下拉列表框中选择"圆柱体"。

步骤 4:在命令行输入圆柱底面的中心点:0,0,0。

步骤 5:在命令行输入圆柱底面直径 60。

步骤 6:在命令行输入圆柱高度 100,生成圆柱体的"二维线框"视觉样式,如图 10-9 所示。

步骤 7:选择"浮动工具面板"中的"图层和视图"面板,单击"三维导航" ▇二维线框　　　　　　　　 ▼ 按钮最右边的 ▼ 按钮,在下拉列表框中选择"真实"视觉样式,效果如图 10-10 所示。

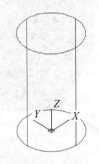

图 10-9　圆柱体"二维线框"视觉样式

图 10-10　圆柱体"真实"视觉样式

任务三 由二维对象创建三维实体

 知识点拨

❖ **通过拉伸创建实体**

通过拉伸命令功能可以将已有的二维平面对象沿指定的高度或者路径将其拉伸为三维实体,方法主要有以下几种。

(1) 在命令行中用键盘输入 EXTRUDE。

(2) 选择"浮动工具面板"中的"创建"面板,单击 图标。

小贴士:拉伸命令功能选择二维对象,则必须为矩形、圆形、正多边形和用多段线绘制的封闭图形。

 新手学步

绘制正五棱体。

步骤1:选择"浮动工具面板"中的"绘图"面板,单击 图标。

步骤2:绘制一个正五边形,如图10-11所示,命令行提示及操作如下。

命令:_polygon 输入侧面数 <5>:	//默认正多边形侧面数为:5
指定正多边形的中心点或 [边(E)]:	//输入正多边形中心点坐标
输入选项 [内接于圆(I)/外切于圆(C)] <I>:	//输入选项
指定圆的半径:50	//输入圆的半径

步骤3:选择"浮动工具面板"中的"创建"面板,单击 图标。

步骤4:通过拉伸命令功能创建正五棱体,如图10-12所示,命令行提示及操作如下。

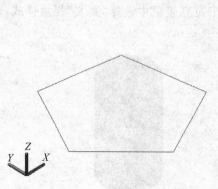

图10-11 正五边形

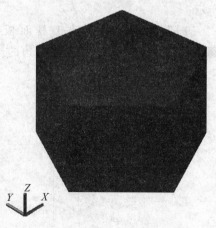

图10-12 正五棱体

命令：_extrude
当前线框密度：　ISOLINES = 4,闭合轮廓创建模式 ＝ 实体
选择要拉伸的对象或［模式(MO)］：_MO 闭合轮廓创建模式［实体(SO)/曲面(SU)］＜实体＞：_SO
                                        //选择步骤 2 中绘制的正五边形
选择要拉伸的对象或［模式(MO)］：找到 1 个
选择要拉伸的对象或［模式(MO)］：
指定拉伸的高度或［方向(D)/路径(P)/倾斜角(T)/表达式(E)］＜95.6695＞：50

小贴士：在指定拉伸高度时，输入正值，可将二维对象沿 Z 轴的正向拉伸；如果输入负值，则将沿 Z 轴负向拉伸。

 知识点拨

⋄ 通过旋转创建实体

通过旋转命令功能可以将二维形体绕指定的轴进行旋转生成三维实体，方法主要有以下几种。

（1）在命令行中用键盘输入 REVOLVE(REV)。

（2）选择"浮动工具面板"中的"创建"面板，单击 图标。

 **新手学步**

绘制旋转实体。

步骤 1：选择"浮动工具面板"中的"绘图"面板，单击"直线"图标下的 ▼ 按钮，在下拉列表框中选择"样条曲线拟合"。

步骤 2：绘制一条样条曲线，拟合点任意定，如图 10-13 所示。

步骤 3：绘制一条直线作为旋转轴，起点坐标和终点坐标任意定，如图 10-14 所示。

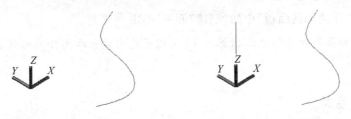

图 10-13　样条曲线　　　　　　　　　图 10-14　旋转轴

步骤 4：通过旋转命令功能创建旋转实体，如图 10-15 所示，命令行提示及操作如下。

命令：_revolve
当前线框密度：　ISOLINES = 4,闭合轮廓创建模式 ＝ 实体
选择要旋转的对象或［模式(MO)］：_MO 闭合轮廓创建模式［实体(SO)/曲面(SU)］＜实体＞：_SO
                                        //选择步骤 2 中绘制的样条曲线
选择要旋转的对象或［模式(MO)］：找到 1 个
选择要旋转的对象或［模式(MO)］：
指定轴起点或根据以下选项之一定义轴［对象(O)/X/Y/Z］＜对象＞：o
                                        //选择"对象"选项
选择对象：　　　　　　　　　　　　　　　　//选择步骤 3 中绘制的直线做旋转轴

指定旋转角度或［起点角度(ST)/反转(R)/表达式(EX)］<360>:

//按 Enter 键默认旋转角度为360°

步骤5：单击"动态观察"图标 ，按住鼠标右键控制观察角度，如图 10-16 所示。

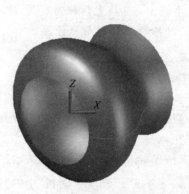

图 10-15 旋转实体 　　　　图 10-16 动态观察旋转实体

 知识点拨

❖ **通过扫掠创建实体**

通过扫掠命令功能可沿开放或闭合路径扫掠开放或闭合的平面曲线或非平面曲线（轮廓），创建实体或曲面。方法主要有以下几种。

(1) 在命令行中用键盘输入 SWEEP。

(2) 选择"浮动工具面板"中的"创建"面板，单击 图标。

小贴士：如果沿开放的路线扫掠对象，生成的是曲面；沿闭合的路线扫掠对象，生成实体或者曲面。

新手学步

绘制扫掠实体。

步骤1：选择"浮动工具面板"中的"绘图"面板，单击"直线"图标下的 ▼ 按钮，在下拉列表框中选择"圆弧"。

步骤2：绘制一条圆弧，坐标点任意定，如图 10-17 所示。

步骤3：新建坐标系，选择"浮动工具面板"中的"坐标"面板，单击 图标下的 ▼ 按钮，选择 ，命令行提示及操作如下。

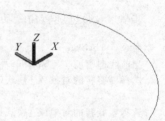

图 10-17 圆弧

命令：_ucs

当前 UCS 名称：* 没有名称 *
指定 UCS 的原点或 [面(F)/命名(NA)/对象(OB)/上一个(P)/视图(V)/世界(W)/X/Y/Z/Z 轴(ZA)]
<世界>:_y　　　　　　　　　　　　　　　　//绕 Y 轴旋转用户坐标系
指定绕 Y 轴的旋转角度 <90>:　　　　　　　　//默认旋转角度 90°

小贴士：扫掠的对象和路径如果在同一平面内扫掠不能成功。

步骤 4：选择"浮动工具面板"中的"绘图"面板，单击"多边形"图标下的 ▼ 按钮，在下拉列表框中选择"圆"。

步骤 5：绘制一个圆，圆心点和半径任意定，如图 10-18 所示。

步骤 6：通过扫掠命令功能创建扫掠实体，如图 10-19 所示，命令行提示及操作如下。

命令：_sweep
当前线框密度：　ISOLINES=4,闭合轮廓创建模式 = 实体
选择要扫掠的对象或 [模式(MO)]:_MO 闭合轮廓创建模式 [实体(SO)/曲面(SU)]<实体>:_SO
　　　　　　　　　　　　　　　　　　　　　//选择步骤 4 绘制的圆作扫掠对象
选择要扫掠的对象或 [模式(MO)]: 找到 1 个
选择要扫掠的对象或 [模式(MO)]:
选择扫掠路径或 [对齐(A)/基点(B)/比例(S)/扭曲(T)]:
　　　　　　　　　　　　　　　　　　　//选择步骤 2 绘制的圆弧做扫掠路径

　　　　　　　　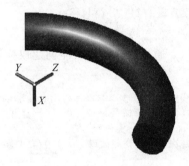

图 10-18　圆和圆弧　　　　　　　　图 10-19　扫掠实体

 知识点拨

❖ **通过放样创建实体**

通过放样功能命令可在若干横截面之间的空间中创建三维实体或曲面，方法主要有以下几种。

（1）在命令行中用键盘输入 LOFT。

（2）选择"浮动工具面板"中的"创建"面板，单击 🛡 放样 图标。

小贴士：使用放样命令时，必须指定至少两个横截面。

 新手学步

绘制放样实体。

步骤 1：选择"浮动工具面板"中的"绘图"面板，单击"多边形"图标下的 ▼ 按钮，在下拉列表框中选择"矩形"。

步骤 2：绘制一个矩形，长、宽任意定，如图 10-20 所示。

步骤 3：再绘制一个矩形，长、宽任意定，如图 10-21 所示。

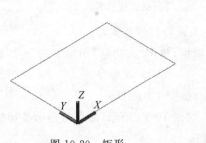 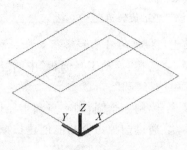

图 10-20　矩形一　　　　　　　　　　　　图 10-21　矩形二

步骤 4：选择"浮动工具面板"中的"修改"面板，单击 ✛ 图标移动图形，如图 10-22 所示，命令行提示及操作如下。

命令：_move
选择对象：找到 1 个　　　　　　　　　　　//选中步骤 3 绘制的矩形
选择对象：
指定基点或 [位移(D)] <位移>：　　　　　　//捕捉矩形的任意一个角点
指定第二个点或 <使用第一个点作为位移>：　//沿 Z 轴正方向移动一定距离

步骤 5：通过放样命令功能创建放样实体，如图 10-23 所示，命令行提示及操作如下。

命令：_loft
当前线框密度：　ISOLINES = 4,闭合轮廓创建模式 = 实体
按放样次序选择横截面或 [点(PO)/合并多条边(J)/模式(MO)]：_MO 闭合轮廓创建模式 [实体(SO)/曲面(SU)] <实体>：_SO
按放样次序选择横截面或 [点(PO)/合并多条边(J)/模式(MO)]：找到 1 个
　　　　　　　　　　　　　　　　　　　//选中步骤 2 绘制的矩形
按放样次序选择横截面或 [点(PO)/合并多条边(J)/模式(MO)]：找到 1 个,总计 2 个
　　　　　　　　　　　　　　　　　　　//选中步骤 3 绘制的矩形
按放样次序选择横截面或 [点(PO)/合并多条边(J)/模式(MO)]：
选中了 2 个横截面
输入选项 [导向(G)/路径(P)/仅横截面(C)/设置(S)] <仅横截面>：
　　　　　　　　　　　　　　　　　　　//按 Enter 键默认以"横截面"放样

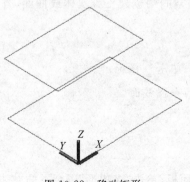 

图 10-22　移动矩形　　　　　　　　　　　图 10-23　放样实体

任务四 三维实体的布尔运算

复杂的三维实体通常不能一次生成,可以对若干相对简单的实体进行布尔运算等编辑操作,使其组合成复杂的实体模型。AutoCAD 的布尔运算主要包括并集、交集和差集运算。

 **知识点拨**

❖ **并集运算**

通过并集运算可以将两个或两个以上实体(或面域)合并成一个复合对象。得到的复合实体包括所有选定实体所封闭的空间。得到的复合面域包括子集中所有面域所封闭的面积。进行并集运算,可以有以下 3 种方式。

(1) 选择"浮动工具面板"中的"编辑"面板,单击 图标。

(2) 选择菜单栏的"修改"→"实体编辑"→"并集"命令。

(3) 在命令行中用键盘输入 UNION。

 新手学步

将如图 10-24(a)所示的圆柱体和长方体进行并集运算,成为如图 10-24(b)所示的组合体。

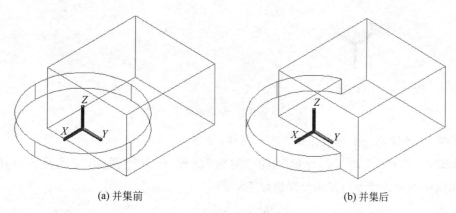

(a) 并集前　　　　　　　　　　　　(b) 并集后

图 10-24　并集运算

步骤 1:先绘制一个圆柱体和一个长方体,如图 10-24(a)所示。

步骤 2:选择"浮动工具面板"中的"编辑"面板,单击 图标,完成并集运算,如图 10-24(b)所示。命令行提示及操作如下。

```
命令: _union
选择对象: 找到 1 个                    //选择圆柱体
选择对象: 找到 1 个,总计 2 个          //选择长方体
选择对象:                             //按 Enter 键确认
```

 知识点拨

❖ 差集运算

通过差集运算可以从一组实体中删除与另一组实体的公共区域。进行差集运算，可以有以下 3 种方式。

（1）选择"浮动工具面板"中的"编辑"面板，单击 图标。

（2）选择菜单栏的"修改"→"实体编辑"→"差集"命令。

（3）在命令行中用键盘输入 SUBTRACT。

 新手学步

将如图 10-25(a)所示的圆柱体和长方体进行差集运算，成为如图 10-25(b)所示的组合体。

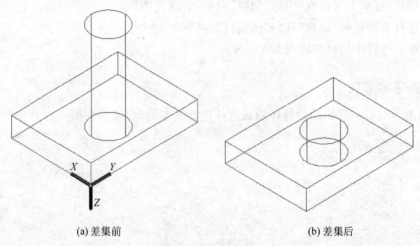

(a)差集前   (b)差集后

图 10-25　差集运算

步骤 1：先绘制一个圆柱体和一个长方体，如图 10-25(a)所示。

步骤 2：选择"浮动工具面板"中的"编辑"面板，单击 图标，完成差集运算，如图 10-25(b)所示。命令行提示及操作如下。

```
命令：_subtract 选择要从中减去的实体、曲面和面域…
选择对象：找到 1 个                        //选择长方体
选择对象：
选择要减去的实体、曲面和面域…             //选择圆柱体
选择对象：找到 1 个
选择对象：                                //按 Enter 键确认
```

 知识点拨

❖ 交集运算

通过交集运算可以从两个或两个以上重叠实体的公共部分创建复合实体，而不是将

非重叠部分删除。使用交集运算也可以从两个或多个面域的交集中创建复合面域,而删除交集外的区域。进行交集运算,可以有以下 3 种方式。

（1）选择"浮动工具面板"中的"编辑"面板,单击 图标。

（2）选择菜单栏的"修改"→"实体编辑"→"交集"命令。

（3）在命令行中用键盘输入 INTERSECT。

将如图 10-26(a)所示的圆柱体和长方体进行交集运算,成为如图 10-26(b)所示的组合体。

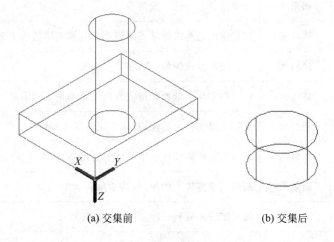

(a) 交集前　　　　　　　　　(b) 交集后

图 10-26　交集运算

步骤 1：先绘制一个圆柱体和一个长方体,如图 10-26(a)所示。

步骤 2：选择"浮动工具面板"中的"编辑"面板,单击 图标,完成交集运算,如图 10-26(b)所示。命令行提示及操作如下。

```
命令: _intersect
选择对象: 找到 1 个                    //选择长方体
选择对象: 找到 1 个, 总计 2 个          //选择圆柱体
选择对象:                             //按 Enter 键确认
```

任务五　三维实体编辑

利用三维实体编辑命令,可以对三维实体的边、面、体进行编辑操作,AutoCAD 2014 实体编辑命令工具如表 10-2 所示。

表 10-2　实体编辑的命令工具

序号	按钮图标	命令	功　　能
1		压印边	压印三维实体或去面上的二维几何图形,从而在平面上创建其他边
2		提取边	从三维实体、曲面、网格、面域或子对象的边创建线框几何图形
3		着色边	更改三维实体上选定边的颜色
4		复制边	将三维实体上的选定边复制为三维圆弧、圆、椭圆、直线或样条曲线
5		倒角边	为实体边和曲面边建立倒角
6		圆角边	为实体对象边建立圆角
7		拉伸面	按指定的距离或沿某条路径拉伸三维实体的选定平面
8		倾斜面	按指定的角度倾斜三维实体上的面
9		移动面	将三维实体上的面在指定方向上移动指定的距离
10		复制面	复制三维实体上的面,从而生成面域或实体
11		偏移面	按指定的距离偏移三维实体的选定面,从而更改其形状
12		删除面	删除三维实体上的面,包括圆角和倒角
13		旋转面	绕指定的轴旋转三维实体上的选定面
14		着色面	更改三维实体上选定面的颜色
15		分割	将具有多个不连续部分的三维实体对象分割为独立的三维实体
16		清除	删除三维实体上所有冗余的边和顶点
17		抽壳	将三维实体转换成中空壳体,其壁具有指定厚度
18		检查	检查三维实体中的几何数据

❖ **倒角边**

对三维实体边或曲面边进行倒角,可以通过以下 3 种方式。

(1)在命令行中用键盘输入 Chamferedge。

(2)选择"浮动工具面板"中的"实体编辑"面板,单击"倒角边"图标 。

(3)选择菜单栏中"修改"→"实体编辑"→"倒角边"。

以上 3 种方式都可以执行"倒角边"功能。

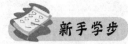 新手学步

将如图 10-27(a)所示的长方体进行倒角,成为如图 10-27(b)所示的倒角长方体。

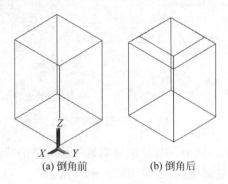

(a) 倒角前　　　　(b) 倒角后

图 10-27　倒角

步骤 1:绘制如图 10-27(a)所示的长方体。

步骤 2:选择"浮动工具面板"中的"实体编辑"面板,单击"倒角边"图标 ◇,根据命令行提示进行如下操作,完成倒角边,如图 10-27(b)所示。

命令行文本参考:

```
命令: _CHAMFEREDGE 距离 1 = 1.0000,距离 2 = 1.0000
选择一条边或 [环(L)/距离(D)]:D              //选择距离
指定距离 1 或 [表达式(E)]<1.0000>: 10        //指定距离1
指定距离 2 或 [表达式(E)]<1.0000>: 10        //指定距离2
选择一条边或 [环(L)/距离(D)]:                //依次选择长方体顶面的四条边
选择同一个面上的其他边或 [环(L)/距离(D)]:
选择同一个面上的其他边或 [环(L)/距离(D)]:
选择同一个面上的其他边或 [环(L)/距离(D)]:
选择同一个面上的其他边或 [环(L)/距离(D)]:
按 Enter 键接受倒角或 [距离(D)]:             //按 Enter 键接受倒角
```

 知识点拨

∴ **圆角边**

对三维实体边或曲面边创建圆角,可以通过以下 3 种方式。

(1) 在命令行中用键盘输入 Filletedge。

(2) 选择"浮动工具面板"中的"实体编辑"面板,单击"圆角边"图标 ◉。

(3) 选择菜单栏中"修改"→"实体编辑"→"圆角边"。

以上 3 种方式都可以执行"圆角边"功能。

 新手学步

将如图 10-28(a)所示的长方体创建圆角边,成为如图 10-28(b)所示的圆角长方体。

步骤 1:绘制如图 10-28(a)所示的长方体。

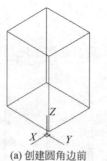 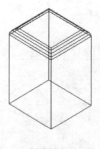

(a) 创建圆角边前　　　　　(b) 创建圆角边后

图 10-28　创建圆角边

步骤 2：选择"浮动工具面板"中的"实体编辑"面板，单击"圆角边"图标 ，根据命令行提示进行如下操作，完成圆角边，如图 10-28(b)所示。

命令行文本参考：

```
命令：_FILLETEDGE
半径 = 1.0000
选择边或 [链(C)/环(L)/半径(R)]:R                    //选择半径
输入圆角半径或 [表达式(E)]<1.0000>: 10
选择边或 [链(C)/环(L)/半径(R)]:                     // 依次选择长方体顶面的四条边
选择边或 [链(C)/环(L)/半径(R)]:
选择边或 [链(C)/环(L)/半径(R)]:
选择边或 [链(C)/环(L)/半径(R)]:
已选定 4 个边用于圆角
按 Enter 键接受圆角或 [半径(R)]:                    //按 Enter 键接受倒角
```

　知识点拨

❖ 抽壳

抽壳是将三维实体转换成中空壳体，其壁具有指定厚度。进行抽壳操作，可以通过以下两种方式。

(1) 选择"浮动工具面板"中的"实体编辑"面板，单击"抽壳"图标 。

(2) 选择菜单栏中"修改"→"实体编辑"→"抽壳"。

以上两种方式都可以执行"抽壳"功能。在指定抽壳偏移距离时，若指定正值，则从圆周外开始抽壳；若指定负值，则从圆周内开始抽壳。

　新手学步

将如图 10-29(a)所示的长方体抽壳，成为如图 10-29(b)所示的长方体。

步骤 1：绘制如图 10-29(a)所示的长方体。

步骤 2：选择"浮动工具面板"中的"实体编辑"面板，单击"抽壳"图标 ，根据命令行提示进行如下操作，完成抽壳，如图 10-29(b)所示。

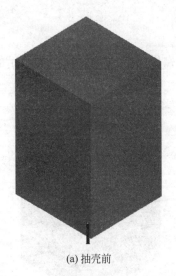
(a) 抽壳前

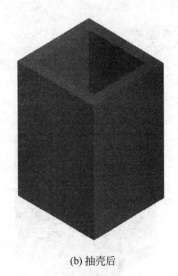
(b) 抽壳后

图 10-29　抽壳

命令行文本参考：

命令：_solidedit
实体编辑自动检查：　SOLIDCHECK = 1
输入实体编辑选项 [面(F)/边(E)/体(B)/放弃(U)/退出(X)] <退出>：_body
输入体编辑选项
[压印(I)/分割实体(P)/抽壳(S)/清除(L)/检查(C)/放弃(U)/退出(X)] <退出>：_shell
选择三维实体：　　　　　　　　　　　　　　//单击长方体
删除面或 [放弃(U)/添加(A)/全部(ALL)]：找到一个面,已删除 1 个
　　　　　　　　　　　　　　　　　　　　　//指定长方体顶面
删除面或 [放弃(U)/添加(A)/全部(ALL)]：
输入抽壳偏移距离：10
已开始实体校验
已完成实体校验
输入体编辑选项
[压印(I)/分割实体(P)/抽壳(S)/清除(L)/检查(C)/放弃(U)/退出(X)] <退出>：
实体编辑自动检查：　SOLIDCHECK = 1
输入实体编辑选项 [面(F)/边(E)/体(B)/放弃(U)/退出(X)] <退出>：
　　　　　　　　　　　　　　　　　　　　//按 Enter 键退出

 知识点拨

❖ **倾斜面**

倾斜面可以按指定的角度倾斜三维实体上的面,可以通过以下两种方式。

(1) 选择"浮动工具面板"中的"实体编辑"面板,单击"倾斜面"图标 。

(2) 选择菜单栏中"修改"→"实体编辑"→"倾斜面"。

以上两种方式都可以执行"倾斜面"功能,在指定倾斜角度时,若指定正角度,则向里
倾斜；若指定负角度,则向外倾斜。

将如图10-30(a)所示的长方体进行倾斜面操作,成为如图10-30(b)所示的长方体。

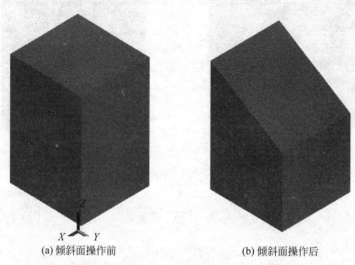

(a) 倾斜面操作前   (b) 倾斜面操作后

图 10-30   倾斜面操作

步骤1:绘制如图10-30(a)所示的长方体。

步骤2:选择"浮动工具面板"中的"实体编辑"面板,单击"倾斜面"图标 🛋,根据命令行提示进行如下操作,完成倾斜面,如图10-30(b)所示。

命令行文本参考:

命令:_solidedit
实体编辑自动检查: SOLIDCHECK = 1
输入实体编辑选项 [面(F)/边(E)/体(B)/放弃(U)/退出(X)] <退出>:_face
输入面编辑选项
[拉伸(E)/移动(M)/旋转(R)/偏移(O)/倾斜(T)/删除(D)/复制(C)/颜色(L)/材质(A)/放弃(U)/退出(X)] <退出>:_taper
选择面或 [放弃(U)/删除(R)]:找到一个面   //选择长方体顶面
选择面或 [放弃(U)/删除(R)/全部(ALL)]:   //按 Enter 键
指定基点: //选择如图10-31所示顶点
指定沿倾斜轴的另一个点: //选择如图10-32所示顶点
指定倾斜角度:30
已开始实体校验
已完成实体校验
输入面编辑选项
[拉伸(E)/移动(M)/旋转(R)/偏移(O)/倾斜(T)/删除(D)/复制(C)/颜色(L)/材质(A)/放弃(U)/退出(X)] <退出>:   //按 Enter 键
实体编辑自动检查: SOLIDCHECK = 1
输入实体编辑选项 [面(F)/边(E)/体(B)/放弃(U)/退出(X)] <退出>:
                                                        //按 Enter 键

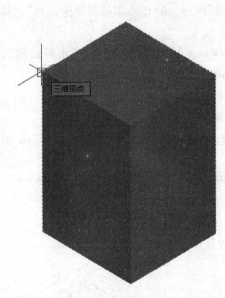

图 10-31 指定基点

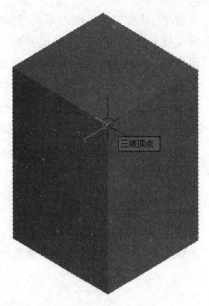

图 10-32 指定沿倾斜轴的另一个点

任务六 三维实体综合实例指导

创建如图 10-33 所示的三维实体,按照图示尺寸 1:1 绘制,不需要标注尺寸。

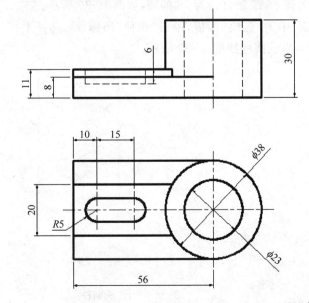

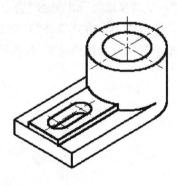

图 10-33 三维实体

步骤1：单击工作界面右下角"切换工作空间"图标 ⚙ ，在弹出的菜单中选择"三维建模"，将工作界面切换为三维建模界面。

步骤2：单击绘图区左上方的"视图控件" [俯视] ，在下拉列表中选择"西南等轴测"。

步骤3：选择"浮动工具面板"中的"建模"面板，单击"长方体"图标 ▱ 。

步骤4：在命令行输入长方体第一个角点：0,0,0。

步骤5：在命令行输入长方体第二个角点：56,38,0。

步骤6：在命令行输入长方体高度：8，生成长方体的"二维线框"视觉样式，如图10-34所示。

步骤7：继续选择"浮动工具面板"中的"建模"面板，单击"长方体"图标 ▱ 。

步骤8：在命令行输入长方体第一个角点：0,9,8。

步骤9：在命令行输入长方体第二个角点：@56,20,0。

步骤10：在命令行输入长方体高度：3，生成新的长方体如图10-35所示。

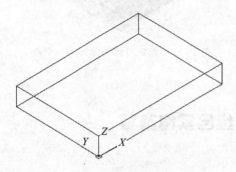

图10-34 长方体的"二维线框"视觉样式

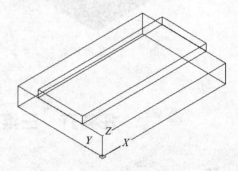

图10-35 新的长方体

步骤11：选择"浮动工具面板"中的"绘图"面板，单击"圆"图标 ⊘ 。启用状态栏的"三维对象捕捉" ▱ ，选择"边中点"作为圆心，绘制直径为38的圆，如图10-36所示。

步骤12：继续选择"浮动工具面板"中的"建模"面板，单击"拉伸"图标 ▯ ，选择上一步绘制的圆为拉伸对象，拉伸高度：30，生成圆柱如图10-37所示。

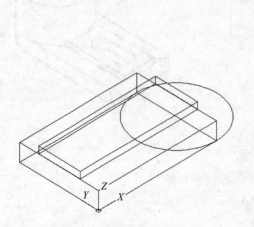

图10-36 绘制直径为38的圆

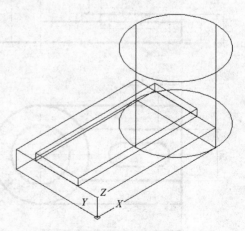

图10-37 生成圆柱

步骤 13：选择"浮动工具面板"中的"编辑"面板，单击 ⊚图标，将绘制完成的两个长方体和圆柱完成并集运算，如图 10-38 所示。

步骤 14：选择"浮动工具面板"中的"绘图"面板，单击"圆"图标 ⊘。启用状态栏的"三维对象捕捉" ▣，选择"面中心"作为圆心，在圆柱顶面绘制直径为 23 的圆，如图 10-39 所示。

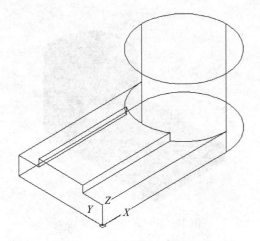

图 10-38　两个长方体和圆柱并集

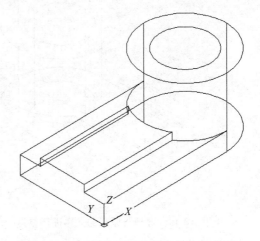

图 10-39　在圆柱顶面绘制直径为 23 的圆

步骤 15：选择"浮动工具面板"中的"建模"面板，单击"拉伸"图标 ⬚，选择上一步绘制的圆为拉伸对象，拉伸高度为 30，生成新的圆柱。选择"浮动工具面板"中的"编辑"面板，单击 ⊚图标，将绘制完成的圆柱与原来的圆柱完成差集运算，如图 10-40 所示。

步骤 16：选择"浮动工具面板"中的"绘图"面板，利用"直线""圆"和"修剪"工具完成键槽平面图形的绘制，如图 10-41 所示。

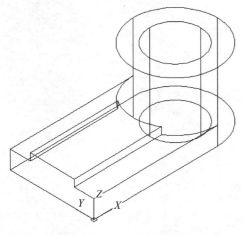

图 10-40　两圆柱进行差集

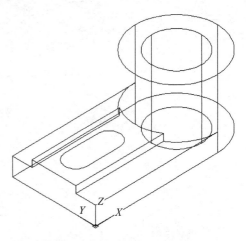

图 10-41　键槽平面图形

步骤 17：选择"浮动工具面板"中的"绘图"面板，单击"面域"图标 ▣，选择上一步绘制的键槽平面图形生成面域。选择该面域为拉伸对象，向下拉伸，拉伸深度为 6，生成键槽。选择"浮动工具面板"中的"编辑"面板,单击◎图标,将绘制完成的键槽与原来的立体完成差集运算,如图 10-42 所示。

步骤 18:选择"浮动工具面板"中的"视图"面板,单击 ■二维线框 ▼ 按钮最右边的 ▼ 按钮,在下拉列表框中选择"真实"视觉样式,效果如图 10-43 所示。

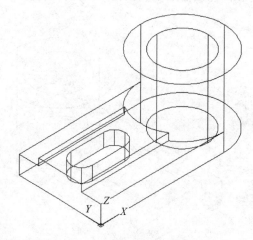

图 10-42　键槽与原来的立体进行差集

图 10-43　"真实"视觉样式